Hellmut Steineck

Pilze im Garten

3., überarbeitete Auflage

22 Farbfotos
56 Schwarzweißfotos
14 Zeichnungen

E.U.
VERLAG
EUGEN
ULMER

Umschlagbild: Shii-Take.

CIP-Kurztitelaufnahme der Deutschen Bibliothek

Steineck, Hellmut
Pilze im Garten / Hellmut Steineck. – 3., überarb. Aufl. –
Stuttgart: Ulmer, 1990
ISBN 3-8001-6361-6

Wollgrasweg 41, 7000 Stuttgart 70 (Hohenheim)
Printed in Germany
Lektorat: Agnes Bartunek, Herstellung: Thomas Eisele
Umschlaggestaltung: A. Krugmann, Stuttgart
mit einem Foto von H. Reinhard, Heiligkreuzsteinach
Satz: Steffen Hahn Fotosatz, Kornwestheim
Druck und Bindung: W. Röck, Weinsberg

Vorwort

Während meiner mehrjährigen Tätigkeit als Champignonanbauberater der Landwirtschaftskammer Rheinland habe ich mich sehr intensiv mit dem erwerbsmäßigen Anbau von Pilzen befaßt. So kam es nicht von ungefähr, daß ich nach Beendigung dieser Tätigkeit bemüht war, Kulturmöglichkeiten für viele Pilzarten herauszufinden und daß das Studium der Pilze zu meiner Freizeitbeschäftigung wurde.

In meinem Hausgarten versuchte ich, diesen Sonderlingen der Pflanzenwelt Wachstumsbedingungen zu schaffen, wie sie in ihrem Lebensraum auf Wiesen und Feldern, in Gärten und Wäldern vorhanden sind. Das erforderte eingehende Beobachtung auf Spaziergängen und Wanderungen, um die Vorliebe der einzelnen Pilzarten für bestimmte Standorte ergründen und gleiche Voraussetzungen im Garten erreichen zu können. Ebenso wichtig war es, möglichst einfache Methoden zu erproben, die jeder Gartenbesitzer anwenden kann, wenn er Pilzmyzel und Pilzbrut heranziehen und damit die Ansiedlung von Pilzen im Garten ermöglichen will.

All das führte zu zahlreichen Besuchen von Gartenfreunden, die Interesse am Anbau von Pilzen in ihrem Garten hatten, und zu immer mehr Anfragen und Gesprächen über die hierzu notwendigen Maßnahmen.

So sah ich mich schließlich veranlaßt, meine Erfahrungen auf diesem Gebiet schriftlich niederzulegen, um allen Freunden von Pilzen Möglichkeiten zu zeigen, wie auch sie Pilze im eigenen Garten wachsen lassen können. Ich habe versucht, nach einem kurzen Einblick in das Leben der Pilze eine Auswahl der für den Garten geeigneten Arten mit Angabe der natürlichen Standorte und der Anbaumöglichkeiten zusammenzustellen und die Kulturmöglichkeiten für die wichtigsten Arten eingehend zu beschreiben. Ich hoffe, daß es dem Gartenfreund ein neues, interessantes Gebiet erschließt.

Diplom-Gartenbauinspektor
Hellmut Steineck
Leichlingen, Frühjahr 1990

Inhaltsverzeichnis

Geschichte und Biologie der Pilze

Spricht man von Pilzen, denkt man wohl an Steinpilze, Pfifferlinge, Champignons und ihre wohlschmeckenden Verwandten, die im Wald und auf der Wiese gesammelt oder in Kellern, alten Bergwerksstollen oder klimatisierten Spezial-Kulturhäusern herangezogen werden. Vielleicht wird man auch an Schimmelpilze erinnert, die unter bestimmten Bedingungen das Brot ungenießbar machen und wertvolle Nahrungsmittel vernichten, andererseits aber auch für wohlschmeckenden Edelschimmel-Käse verantwortlich sind. Man könnte kein Glas Bier oder Wein trinken, wenn es keine Hefepilze gäbe; diese werden auch benötigt, um gutes Brot und leckeren Kuchen backen zu können. Schädlich sind die Pilzarten, die Wein, Obst, Gemüse und landwirtschaftliche Kulturen befallen und erhebliche Ausfälle verursachen. Auch der Mensch wird von Pilzen befallen, wie z. B. von Fußpilzen und vom Lungenpilz. Doch können Pilze auch beim Kampf gegen tierische Schädlinge helfen, wenn sie z. B. im Herbst die Stubenfliegen befallen, im Sommer und Herbst in Gemüsekulturen Raupen abtöten oder beim Massenauftreten von Raupen in den Wäldern diese Schädlinge vernichten. Pilze sind also zum Teil gefährliche Krankheitserreger, liefern andererseits aber auch Medikamente gegen Krankheiten. Sie sind unersetzlich für das Leben, da ohne sie der Kreislauf in der Natur nicht möglich wäre. Die Umwandlung organischer Substanzen, die Versorgung der Waldbäume mit Nährstoffen und die Umsetzung zahlreicher Verbindungen im Boden sind ihr Werk.

Die Zahl der Pilzarten wird auf mehr als 100 000 geschätzt, davon kommen etwa 30 000 in Europa vor, etwa 3000 sind Großpilzarten. In diesem Buch ist aber nur von einigen Dutzend Pilzarten die Rede, nämlich denen, die im Garten gedeihen und die uns, wie wir lernen werden, manche Freude bereiten können.

Die Entwicklung des Pilzanbaues

Schon seit Jahrmillionen gibt es auf der Erde Pilzkulturen. Die **Blattschneiderameisen** z. B. haben ihre Ernährung auf selbstgezogene Pilze eingestellt.

In ihren unterirdischen Bauten findet man Pilzkulturen. Aus Blättern, Blüten und Früchten von Laubbäumen schneiden die Ameisen Stücke heraus, die meist größer sind als sie selbst, tragen sie in ihren Bau, zerkleinern sie und häufen sie zu »Komposthaufen« übereinander. Diese werden mit Pilzmyzel beimpft, das immer mittransportiert wird, wenn neue Bauten angelegt werden. Die »Pilzgärten« werden regelmäßig mit mühsam herangeholtem Wasser getränkt, sie werden gedüngt und gegen Schädlinge und Krankheiten geschützt.

Pilzkulturhäuser in Taiwan.

Die erntereifen Kulturen, an den Enden kolbenförmig verdickte Pilzstränge, haben ein blumenkohlartiges Aussehen. Die Blattschneiderameisen sind zu ihrer Ernährung auf das Gedeihen der Pilzkulturen angewiesen.

Termitenarten legen in ihren Bauten Pilzkulturen an. Termiten gibt es nur in den tropischen und subtropischen Gebieten von Zentralafrika und Asien. In einigen Gebieten bauen die Termiten ihre Nester im Boden, in anderen, z. B. in Afrika, bauen sie Termitenhügel, die bis zu 10 m Höhe erreichen. Es gibt etwa 100 pilzanbauende Termitenarten; rund 20 Pilzarten (Termitomycetes) werden von Termiten kultiviert. P. J. Bels und S. Pataragetvit berichteten im Forum Mikrobiologie 1983 über ihre Untersuchungen.

Die Nahrung dieser Termiten besteht aus lebendem, abgestorbenem und zersetztem Pflanzenmaterial. Die Termiten zerbeißen es in kleine Stücke und verdauen es. Die Verdauung wird wahrscheinlich durch im Verdauungstrakt enthaltene Enzyme, durch Darmbakterien oder durch Protozoen im Darm gefördert. Die ausgeschiedenen Kotbällchen werden zu sogenannten Mylosphären geformt, die als Bausteine für die Pilzgärten und als Nahrung für die Pilze dienen, mit deren Sporen sie beimpft werden. Bald bildet sich auf den Mylosphären weißes Myzel, und es entstehen kleine weiße Pilzmyzelkügelchen.

Neben den festen Ausscheidungen, die zu Bausteinen werden, scheiden die Termiten auch flüssige Exkremente aus, mit denen die Wände der Pilzkammern und die Gänge bestrichen werden. Die so geschaffenen Pilzgärten haben Ähnlichkeit mit Bienenwaben. Zunächst fressen die Termiten das in den Pilzgärten wachsende Myzel und die Pilzkügelchen und unterdrücken die Entwicklung von Unkrautpilzen. Später verfilzt das Myzel zu einer dichten Schicht, und es können sich einige Fruchtkörper bilden. Inzwischen hat das Pilzmyzel das nur teilweise verdaute Pflanzenmaterial soweit aufgeschlossen, daß es ebenfalls für die Termiten genießbar wird. Während an der Oberseite der Pilzgärten neue Bausteine aufgeschichtet werden, dienen die unteren Schichten nun auch als Termitenfutter.

Innerhalb der Familie der **Borkenkäfer** haben die Holzbrüter einen sehr interessanten Lebenslauf. Die Holzbrüter befallen absterbende Bäume und frisch gefälltes Holz. Die Stärke des Befalls hängt weitgehend von der Holzfeuchtigkeit ab. Sie darf weder zu hoch noch zu niedrig sein, um den Anbau von Pilzen zu ermöglichen, die den Larven als Nahrung dienen.

Die Käfer fressen Brutgänge in das Holz, und die Mutterkäfer bringen bei jeder Ganganlage durch Erbrechen von Pilzmyzelstücken, die sie aus den früher genutzten Gängen noch im Darm haben, die Grundlage für neues Pilzwachstum. Wenn die Feuchtigkeit eine Pilzentwicklung zuläßt, entwickelt sich an den Wänden der Bohrgänge ein weißer Pilzrasen. Die Hyphenenden des Myzels werden von den Larven des Käfers gleichmäßig abgefressen. Nach Beendigung der Fraßzeit stirbt das Myzel ab.

Von den **Menschen** werden Pilze schon seit der Steinzeit als Nahrung verwendet. Aufzeichnungen über den Wert von Speisepilzen und die Gefährlichkeit von Giftpilzen sind in der uns erhaltenen Literatur etwa bis zum Jahre 500 vor Christus zu finden. Anbauversuche werden allerdings erst seit der Zeitenwende erwähnt und betreffen zunächst nur Champignon, Kaiserling, Trüffel, Steinpilz und holzbewohnende Pilze. In den letzten 100 Jahren nahm die Zahl der Kulturversuche immer mehr zu, da die Kenntnisse über die Lebensweise der Pilze vertieft wurden und sich ständig bessere technische Möglichkeiten für ihren Anbau boten. Auch gingen von Jahr zu Jahr die Erträge an Wildpilzen zurück, weil ihre Lebensbedingungen immer ungünstiger wurden, und das Sammeln erforderte einen hohen Zeitaufwand. Die Preise erhöhten sich aufgrund der angestiegenen Löhne stärker als bei den Kulturpilzen.

Die Kulturversuche liefen in zwei Richtungen. Während zunächst überwiegend die Anbaumöglichkeiten an Standorten erprobt wurden, die den natürlichen Gegebenheiten entsprachen, entwickelte man später Kulturmethoden in speziellen Kulturräumen auf geeigneten Nährsubstraten. Anbauversuche wurden mit etwa 50 Pilzarten durchgeführt. Zu einem rentablen Großanbau kam es bisher allerdings neben dem Kulturchampignon *(Agaricus bisporus)* lediglich in Asien bei der Kultur des Shii-Take *(Lentinus edodes)*, des Reisstrohchampignons *(Volvariella volvacea)*, des Samtfußrüblings *(Flammulina velutipes)* und des Judasohrs *(Auricularia auricula-judae)*. Neuerdings werden in Europa auch in größerem Maße der Stadtchampignon *(Agaricus bitorquis)*, einige Seitlingsarten und Stockschwämmchen angebaut. Unter Eichen und Haseln werden in Südfrankreich, Spanien und Italien Trüffeln kultiviert. Neben den genannten Pilzarten werden zum Verkauf noch Träuschlinge, Tintlinge und Schüpplinge kultiviert, während die Ansiedlung von Ritterlingen, Trichterlingen, Schirmpilzen, Schwindlingen sowie dem Rauchblättrigen Schwefelkopf und dem Samtfußrübling in Parkanlagen und Gärten mehr als Liebhaberanbau zu bezeichnen ist. Seit Jahrzehnten bemüht man sich schon, Anbaumöglichkeiten für den wertvollen Steinpilz und den beliebten Pfifferling herauszufinden, aber erst in den letzten Jahren ist man diesem Ziel näher gekommen. Es hat den Anschein, als könnte man für die nächsten Jahre mit der Entdeckung von Kulturmöglichkeiten für zahlreiche weitere Pilzarten rechnen, so daß damit auch die Voraussetzung für einen recht vielseitigen Pilzanbau im eigenen Garten gegeben wäre.

Die Lebensform der Pilze

Entstehung

Schon im Altertum bemühte man sich, die Entstehung und das Wachstum der Pilze zu ergründen, allerdings mit wenig Erfolg. Man fand, daß sie nicht wie andere Pflanzen Blätter, Blüten und Früchte besaßen und glaubte, daß sie aus nicht bekannten, im Boden vorkommenden Säften entstünden. Auch im Mittelalter nahm man noch an, sie würden aus der Bodenfeuchtigkeit bei Regen und Gewitter gebildet. Abergläubische Menschen behaupteten, Hexen und Teufel ließen die Pilze wachsen, oder man erzählte, einer der Heiligen würde durch die Wälder reiten und Pilzsamen säen. Erst im 18. Jahrhundert kam man der Lebensform der Pilze näher, wenn auch teilweise noch umstritten war, ob sie den Pflanzen oder Tieren zuzurechnen seien. Dies hing wohl damit zusammen, daß man früher an Tierpflanzen glaubte, die einen Teil ihres Lebens Tiere seien und sich später in Pflanzen verwandelten, und man verwendete diese seltsamen Wesen als Arzneimittel. In Wirklichkeit handelt es sich um Raupen und Puppen einiger Insektenarten, die von Pilzen (Kernkeulen) befallen und abgetötet werden und aus deren abgestorbenem Körper später die Fruchtkörper der Pilze hervorwachsen. Erst im 19. Jahrhundert erkannte man den Entwicklungszyklus der Pilze und reihte sie in die Systematik ein. Lange war man sich nicht darüber im klaren, ob man sie als eigene Gruppe von Lebewesen ansehen sollte, die zwischen Tier und Pflanze einzureihen wäre, da die Pilze in ihrer Ernährung auf das Vorhandensein organischer Stoffe angewiesen sind und in mancher Beziehung den Tieren näherstehen als den Pflanzen.

Die entwicklungsgeschichtliche Entstehung der Pilze ist auch jetzt noch nicht ganz klar, da es aus dem Altertum der Erde keine pilzlichen Versteinerungen gibt. Es wird angenommen, daß sie in der Urzeit aus den im Meer lebenden Geißelalgen (Flagellaten) entstanden, aus denen sich wahrscheinlich bei der Landentstehung Formen bildeten, die sich von abgestorbenen Lebewesen ernährten und daher das Blattgrün, das zur Assimilation notwendig ist, nicht mehr benötigten. So dürften die ersten Pilze, genau wie die ersten Tiere, aus farblosen Geißelalgen entstanden sein, die Vorläufer der heutigen Pflanzenwelt aus grünen und die Kieselalgen und Braunalgen aus den braunen Geißelalgen. Ob die höheren Pilze auch von den farblosen Geißelalgen abstammen, ist nicht sicher; daß sie erst später aus Grünalgen oder Rotalgen entstanden seien, wie auch schon angenommen wurde, wird neuerdings als unwahrscheinlich angesehen.

Systematik

Um eine übersichtliche Einteilung des Pflanzenreiches zu erreichen, wurde ein System aufgestellt, das sich nach der Entwicklung des Pflanzenlebens seit der Urzeit richtet.

Niedere Pflanzen (Thallophyten) haben noch keine ausgeprägten Organe; zu ihnen gehören:

1. Spaltpflanzen (Bakterien und Blaualgen)
2. Algen
3. Pilze (Pilze und Flechten)
4. Moose

Höhere Pflanzen (Kormophyten) bestehen aus Wurzeln, Stengeln und Blättern (Nadeln); dazu gehören:

5. Gefäßkryptogamen (Farne, Schachtelhalme, Bärlappgewächse)
6. Samenpflanzen (Nacktsamige, Bedecktsamige – Blütenpflanzen)

In der Systematik (Müller und Loeffler 1971, Weberling und Schwantes 1972) werden die Pilze (Mycobionta) eingeteilt in:

1. Schleimpilze (Mycomycota)
2. Echte Pilze (Eumycota)
   a) Niedere Pilze, Algenpilze (Phycomycetes)
   b) Schlauchpilze (Ascomycetes)
   c) Ständerpilze (Basidiomycetes)

b) und c) werden als Höhere Pilze zusammengefaßt.

Unsere Speisepilze gehören zu den Schlauch- und Ständerpilzen. Die Ständerpilze benennen wir nach dem Aufbau ihrer Fruchtkörper.

Die **Lamellen-** oder **Blätterpilze** bestehen aus Hut und Stiel, der bei seitlich herausgewachsenen Fruchtkörpern auch fehlen kann. Die Sporen sitzen an den blattartigen Lamellen an der Hutunterseite. Hierzu gehören die meisten Speisepilze, wie Champignons, Träuschlinge, Schirmlinge, Ritterlinge, Schwindlinge, Rüblinge, Seitlinge.

Die **Röhrenpilze** oder **Röhrlinge** haben auf der Hutunterseite eine aus Röhren zusammengesetzte schwammige Schicht. In den Röhren werden die Sporen gebildet. Hierzu gehören die wohlschmeckenden Steinpilze, Maronen und Birkenpilze.

Die **Löcherpilze** (Baumschwämme) besitzen im allgemeinen keinen Stiel. Die Röhrenschicht auf der Hutunterseite ist meist fest mit dem Hutfleisch verbunden. Die Mehrzahl dieser Arten ist nicht genießbar; nur einige weichfleischige Arten schmecken im Jugendstadium, wie z. B. der Schwefelporling.

Die **Stachelpilze** besitzen Hut und Stiel. Auf der Hutunterseite ragen weiche Stacheln hervor, an denen die Sporen entstehen. Der Habichtspilz und der Semmelstoppelpilz gehören hierzu.

Bei den **Leistenpilzen** geht der Stiel in den Hut über. An der Hutunterseite befinden sich lamellenähnliche, gedrungene, niedrige Leisten, an denen sich die Sporen bilden. Bekannt sind hier der Pfifferling und seine Verwandten.

Bei den **Korallenpilzen** handelt es sich um korallenartig verzweigte Fruchtkörper, an deren Verästelungen die Sporen entstehen. Alle Arten sind

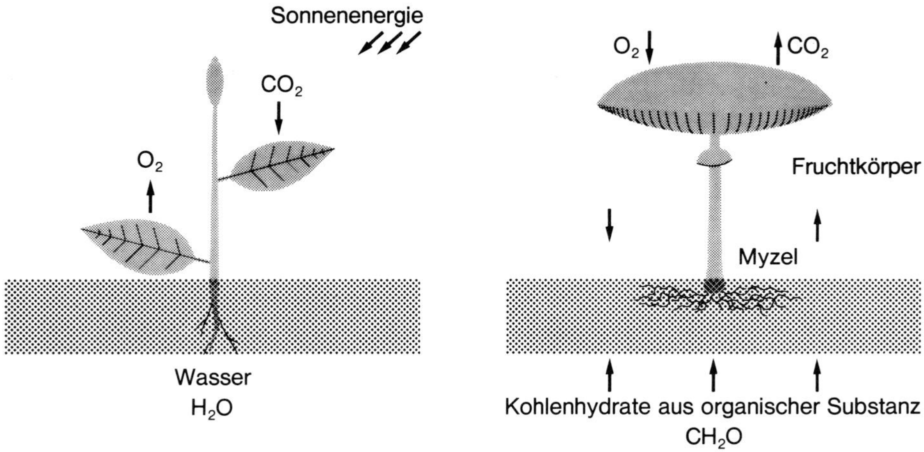

Vereinfachtes Schema der Energiegewinnung bei einer grünen Pflanze (autotroph) und einem Höheren Pilz (heterotroph).

mit Vorsicht zu genießen, auch Krause Glucke und Ziegenbart.

Bauchpilze bilden die Sporen im Inneren des meist kugel- bis flaschenförmigen Fruchtkörpers aus, der den Sporenstaub im allgemeinen durch eine Öffnung freigibt. Hierzu gehören Flaschenstäubling und Riesenbovist.

Ernährung

Fast alle Pflanzen sind autotroph, d. h., sie bilden selbst aus anorganischen Stoffen die für den Aufbau ihres Körpers und die Atmung notwendige Substanz. Aus dem Wasser, das aus dem Boden aufgenommen wird, und dem Kohlendioxid der Luft werden unter Nutzung der Sonnenenergie Kohlenhydrate (Zucker, Stärke) aufgebaut. Die Assimilation ist nur möglich, wenn lebende Blattgrünträger in den Pflanzenzellen vorhanden sind. Nur grüne Pflanzen sind daher autotroph. Heterotroph sind dagegen alle Tiere und diejenigen Pflanzen, die kein Blattgrün besitzen, denn sie sind auf das Vorhandensein organischer Substanz angewiesen. Hieraus wird ihr eigener Organismus aufgebaut und bei der Atmung die notwendige Energie gewonnen.

Da Pilze kein Blattgrün besitzen, benötigen sie für ihren Aufbau fremde organische Substanz. Wird diese aus abgestorbenen Pflanzen aufgenommen, so nennen wir diese Pilze Saprophyten, wird sie lebenden Pflanzen entzogen, so nennen wir sie Parasiten. Großpilze wachsen als Parasiten nicht nur auf Bäumen (Hallimasch) und Stauden (Kräuterseitling), sondern manchmal auch auf anderen Großpilzen, z. B. der Schmarotzerröhrling *(Boletus parasiticus)* auf dem Kartoffelbovist. Bei den Keulenpilzen gibt es einige Arten der Gattung *Cordyceps*, die auf Puppen und Raupen von Schmetterlingen als Parasiten leben.

Wenn heterotrophe und autotrophe Pflanzen eine Lebensgemeinschaft bil-

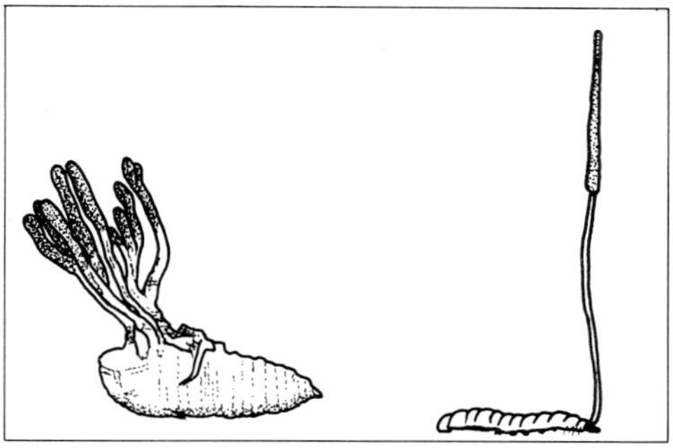

Kernkeulen (Cordyceps) leben auf Schmetterlingspuppen und -raupen. Links: Cordyceps militaris, rechts: Cordyceps sinensis.

den, so nennen wir dies Symbiose (Zusammenleben), da zwischen beiden Pflanzengruppen Nährstoffe ausgetauscht werden. Ein typisches Beispiel für eine Symbiose sind die Flechten, die man früher für eine eigene Pflanzengruppe hielt, bis man feststellte, daß es sich um Lebensgemeinschaften von Pilzen und Algen handelt, die in Tausenden von Formen auftreten.

Für den Pilzanbau ist eine andere Art der Symbiose besonders wichtig. Die meisten Waldbäume (Laub- und Nadelbäume) wachsen in Lebensgemeinschaften mit Waldpilzen. Nachweisbar lebten schon im Devon Mykorrhizapilze in Symbiose mit den Psilophyten. Der Name Mykorrhiza (Pilzwurzel) besagt, daß hier die Pilze die Wurzelhaare der Bäume ersetzen. Während üblicherweise die Pflanzenwurzeln an ihren Spitzen mit zarten Wurzelhaaren besetzt sind, finden wir bei diesen Baumwurzeln dicke, korallenartig verzweigte Wurzelenden, die von dem Fadengeflecht der Hutpilze dicht umsponnen sind.

Das Pilzwachstum wird durch Inhaltsstoffe der Baumwurzeln (Kohlenhydrate) in seiner Entwicklung gefördert, und das Pilzmyzel verbessert die Versorgung des Baumes mit Wasser und Nährstoffen (Phospor, Kalium, Stickstoff, möglicherweise auch Aminosäuren und Wuchsstoffe).

Zahlreiche Pilzarten sind Mykorrhizapilze. Sie sind, wie z. B. der Pfifferling, oft nicht streng an eine Baumart gebunden, wenn sie auch meist entweder Laubbäume oder Nadelbäume bevorzu-

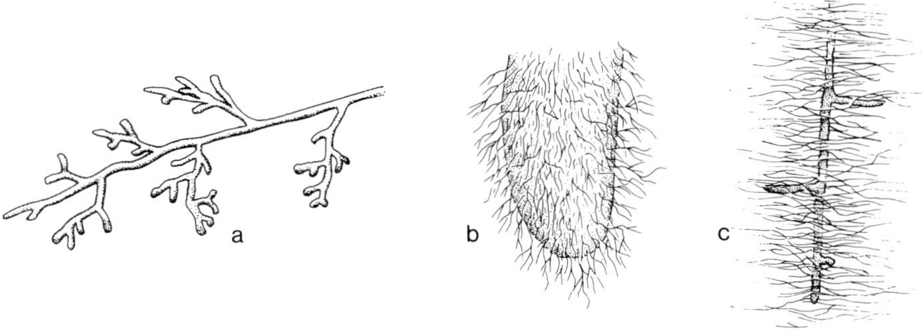

Mykorrhiza oder Pilzwurzeln (a, c). Die Wurzelspitze wird vom Pilzmyzel umsponnen (b).

Der Parasol ähnelt zunächst einem Paukenschlegel (links), dann nimmt er eine Glockenform an (Mitte), um sich schließlich tellerförmig auszubreiten (rechts).

gen. Verschiedene Arten aber wachsen nur gemeinsam mit einer bestimmten Baumart wie z. B. der Goldröhrling mit der Lärche oder der Birkenröhrling mit der Birke. Reinkulturen dieser Symbionten bringen keine vollausgebildeten Fruchtkörper; erst gemeinsam mit ihren Partnern werden Fruchtkörper gebildet. Aus diesem Grunde ist es so schwierig, Steinpilze, Pfifferlinge und ähnliche Arten zu kultivieren, während es beim Champignon, als reinem Saprophyten, leicht möglich ist.

Was üblicherweise als Pilz bezeichnet wird, ist nur der meist über dem Boden sichtbare Fruchtkörper. Der eigentliche Pilz besteht aus einem feinen, weitverzweigten Fadengeflecht, das als Myzel bezeichnet wird. Die einzelnen Fäden werden Hyphen genannt. Sie durchziehen ihren Nährboden zur Nahrungsaufnahme nach allen Seiten, durchwachsen nährstoffreiche Substrate und können aufgrund ihrer großen Gesamtoberfläche schnell erhebliche Nährstoffmengen aufnehmen. Durch innige Verflechtung zahlreicher nebeneinander liegender Zellfäden können Gebilde entstehen, die echten Geweben ähneln. So bilden sich die jedermann bekannten Fruchtkörper und bei manchen Pilzarten sogar feste Dauerformen, die Jahre überdauern können.

Lebenszyklus

Die Pilzpflanzen entstehen nicht, wie die Höheren Pflanzen, aus vielzelligen Samen, sondern aus einzelligen Sporen, die an den Fruchtkörpern abgeschnürt werden. Aus der Spore wächst bei Zutritt von Feuchtigkeit ein dünnes, farbloses, schlauchartiges Gebilde, das sich immer mehr nach allen Seiten verzweigt und zu einem Fadengeflecht auswächst. Es kann in einer bestimmten Richtung

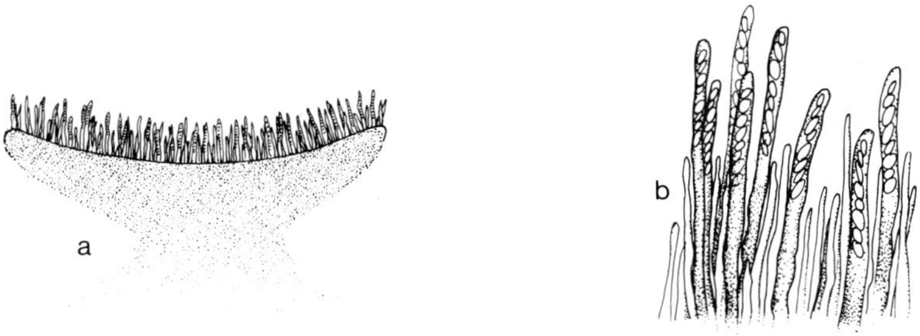

Schlauchpilze (Ascomycetes): Fruchtkörper (a), Sporenschläuche (Asci) mit Sporen (b).

wachsen, so daß später die Fruchtkörper in Reihen nebeneinander stehen, oder es breitet sich gleichmäßig nach allen Seiten aus, so daß sich Kreise bilden, an deren äußerster Peripherie ringförmig die Fruchtkörper entstehen. Auch in der Jahreszeit, in der keine Fruchtkörper gebildet werden, sind Ringe zu erkennen, weil das Gras an den vom Myzel besiedelten Stellen meist dunkler gefärbt ist. In sehr sonnigen Lagen können sich bei großer Trockenheit auch Schäden am Graswuchs bemerkbar machen, die man aber durch kräftige Bewässerung verhüten bzw. beheben kann.

Als man die Ursache dieser Ringbildung noch nicht kannte, nahm man an, daß sie von nächtlichen Tänzen von Elfen oder Hexen stammten und nannte sie Hexenringe. (Shakespeare spielt im Sommernachtstraum darauf an.) Es gibt noch eine zweite Art von Hexenringen, die durch Mykorrhizapilze entstehen. Da

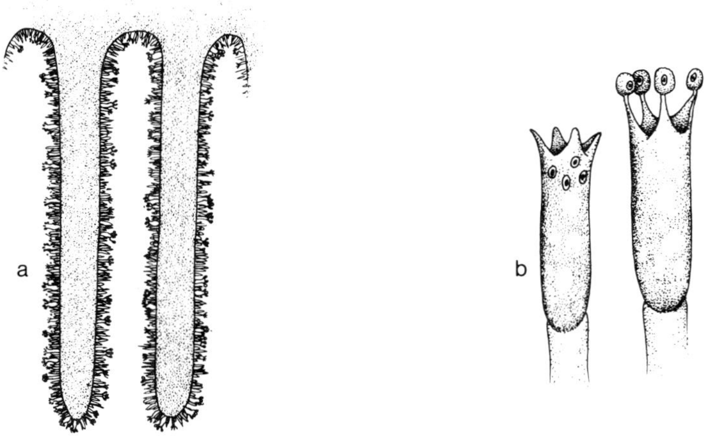

Ständerpilze (Basidiomycetes): Lamellen (a), Basidien mit Sporen (b).

diese besonders reichlich an den äußersten Wurzelspitzen zu finden sind und der Radius des Wurzelgeflechts dem der Baumkrone in etwa entspricht, bildet sich hier unter der Baumtraufe das stärkste Pilzmyzel und ruft so die gleichen Erscheinungen hervor, wie man sie bei den echten Hexenringen findet.

Am Myzel der Pilze entstehen dickere Fäden und Stränge, an denen sich kleine Knötchen bilden. Hieraus entstehen bei günstigen Bedingungen die Fruchtkörper. Weil diese äußerst schnell gebildet werden (danach die Redensart »schießen wie Pilze aus dem Boden«), benötigen sie stark ausgebildete Gefäßhyphen, die viel Wasser und Nährstoffe heranführen können. Die Fruchtkörper haben die Aufgabe, die zur Vermehrung notwendigen Sporen zu bilden. Ihre Gestalt ist sehr unterschiedlich ausgeprägt.

Bei den *Schlauchpilzen* (Ascomycetes) werden die Sporen in schlauchartigen Sporenträgern entwickelt, von denen jeder 8 Sporen enthält. Bei den Ständerpilzen (Basidiomycetes) entstehen im allgemeinen 4 Sporen freistehend auf meistens keulenförmigen Ständern (Basidien). Zu den Schlauchpilzen gehören die Hefepilze, manche Schimmelpilze und zahlreiche Krankheitserreger, die unsere Nutzpflanzen befallen. Von den Speisepilzen sind Trüffeln, Becherlinge, Morcheln und Lorcheln Angehörige dieser Gruppe.

Zu den *Ständerpilzen* gehören die Hutpilze, Bauchpilze und Ohrlappenpilze sowie die an unseren Kulturpflanzen Krankheiten hervorrufenden Brand- und Rostpilze.

Wer Pilze anbauen möchte, sollte sich auch einige Kenntnisse über ihren Aufbau, ihren Lebensablauf und ihre Lebensbedingungen aneignen. Er muß die Lebensform der Pilze kennen, um ihre Reaktion auf die verschiedenen Kulturmaßnahmen zu verstehen.

Pilze für den Garten

Für den Anbau geeignete Speisepilze

Da bisher noch verhältnismäßig wenig Pilze in Gärten angebaut werden, ist auch die Zahl der für den Anbau erprobten Arten entsprechend gering. Der Anbauerfolg wird vom Klima, den Bodenverhältnissen und der umgebenden Pflanzenwelt erheblich stärker beeinflußt, als es bei der Kultur von Gemüse, Obst und Zierpflanzen der Fall ist.

Es kann sich daher bei den hier beschriebenen Arten nur um eine Auswahl der Pilze handeln, deren Kultur aufgrund der vorliegenden Erfahrungen unter den angegebenen Bedingungen erfolgversprechend scheint.

Humusbewohnende Pilze

Lamellenpilze

Der **Kulturchampignon** *(Agaricus bisporus)*, auch Zweisporiger Champignon oder Zweisporiger Egerling genannt, ist ein mittelgroßer Pilz, dessen Hut 12 bis 15 cm breit ist und je nach Sorte weiße, gelblichweiße (blonde) oder braune Färbung hat. Der weiße Typ entstand spontan 1927 aus blonden Champignons. Die Lamellen sind jung zartrosafarben und färben sich später dunkelbraun. Der gedrungene, weiße bis gelbliche Stiel ist 6 bis 8 cm hoch. Das feste, aber zarte Fleisch ist anfangs weiß, es vergilbt später etwas und läuft bei Druck zum Teil rötlich an. Es riecht angenehm und schmeckt mild nußartig.

Als Kulturchampignon wird diese Art in der ganzen Welt geschätzt und in zahlreichen Ländern kultiviert. Erstmalig wurde der Champignon um 1600 in der Nähe von Paris im Pferdedünger, der für den Melonenanbau verwendet wurde, gefunden. Es zeigte sich, daß man auf verrottetem Pferdedung weiter Champignons kultivieren konnte, wenn man ihn mit Champignonabfällen mischte und mit dem Waschwasser von Champignons übergoß. Aus dem Anbau im Freiland entwickelte sich im Laufe der Jahrhunderte die heute übliche Intensivkultur in klimatisierten Kulturräumen. Auf der Erde wurden 1986 insgesamt etwa 1 200 000 t Champignons geerntet.

Wild findet man diese Champignonart auf nährstoffreichem Ackerland, an Wegrändern und in Gärten. Der Kulturchampignon eignet sich im Garten für den Anbau an der Nordseite von Spargeldämmen oder an Erdhügeln zwischen den Buschobstreihen. Näheres über die Kulturmöglichkeiten siehe »Die Kultur der wichtigsten Speisepilze«.

Obwohl man diesen wohlschmeckenden Pilz überall in den Geschäften kaufen kann, sollte man doch auch den Anbau im eigenen Garten erproben. Die dort gezogenen Pilze sind sehr aromatisch und vitaminreich und bedeuten –

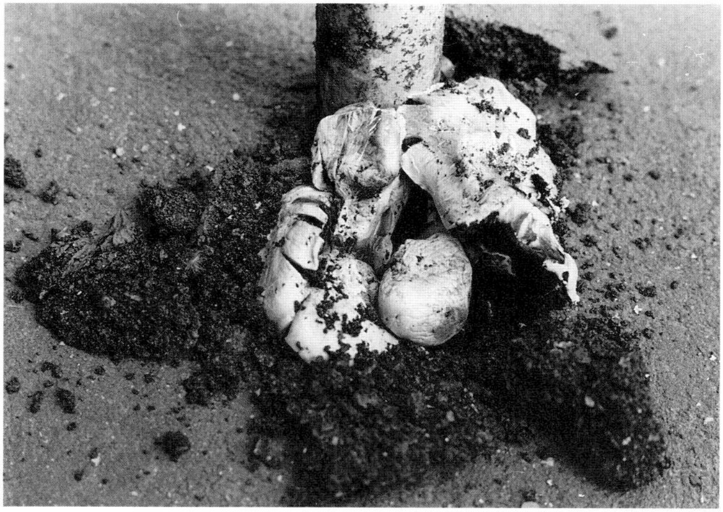

Ein Stadtchampignon durchbricht den Asphalt.

frisch »vom Garten in die Pfanne« – einen besonderen Leckerbissen.

Der **Stadtchampignon** *(Agaricus edulis* syn. *Agaricus bitorquis* syn. *Psalliota edulis)* wird auch Straßenchampignon, Scheidenegerling oder Trottoirchampignon genannt. Der weiße bis gelbliche Hut ist abgeflacht und dickfleischig, er hat einen Durchmesser von 10 bis 15 cm. Seine Lamellen sind rosa, später dunkelbraun gefärbt. Der Stiel ist gedrungen, das feste Fleisch weiß und beim Zerschneiden leicht rötlich. Der Pilz riecht angenehm und schmeckt nußartig. Der aromatische Pilz hält sich besonders in geschlossenem Zustand gut und eignet sich zum Lagern und Konservieren.

In Europa wird der Straßenchampignon wie der Kulturchampignon in klimatisierten Spezialräumen erwerbsmäßig angebaut und bringt dort in 6 Wochen Erntezeit Erträge bis zu 20 kg je m^2. Da der Champignon bei hohen Temperaturen gut wächst (optimales Wachstum bei 30 °C), eignet er sich für den Anbau in südlichen Ländern. Er ist sehr widerstandsfähig gegen pilzliche Krankheitserreger und resistent gegen Viren.

Der Stadtchampignon bildet vom Mai bis zum Herbst Fruchtkörper, man findet ihn in Vorgärten und Obstanlagen, an Wegen und Straßenrändern, jedoch nur selten im Wald. Er durchbricht harten Boden, kann Pflastersteine heben und Asphaltbelag sprengen. Im Hausgarten eignet sich dieser Pilz für die Kultur an Erdhügeln zwischen den Buschobstanlagen. Er gedeiht auch im Rasen und am Rand der Sträucherrabatten. Da er Temperaturen bis 35 °C verträgt und auch noch bei 5 °C Fruchtkörper bilden kann, ist er für den Anbau im Hausgarten besser geeignet als der Kulturchampignon. Bei der Hügelkultur wird als Kultursubstrat am besten ein Kompost aus Pferdedung oder ein Strohkompost verwendet (Herstellung siehe »Die Kultur der wichtigsten Speisepilze«).

In Rasenflächen werden kleine Platten mit dem Spaten ausgestochen und darunter mit Körnerbrut gespickter, kompostierter Pferdedung gebracht. Die Rasenplatten werden danach wieder aufgelegt. Nach etwa 2 bis 3 Monaten können sich erste Fruchtkörper bilden. Saure Böden sind nicht geeignet. Körnerbrut kann im Handel unter der Bezeichnung »*Agaricus bitorquis*« gekauft werden. Dieser Pilz ist für den Anbau im Garten besonders zu empfehlen, da er mehrere Monate geerntet werden kann, ein ausgezeichnetes Aroma hat und sich durch seine weiße Farbe gut vom Grün des Rasens und dem Braun des Bodens abhebt.

Eine tropische Art *(Agaricus subedulis)* aus der Gattung des Stadtchampignons bildet in Afrika während des ganzen Jahres in ausgetrockneten Flußtälern nach Regengüssen Fruchtkörper. Diese Art wird auch in Zentralafrika auf Kompost aus Savannengras, gemischt mit Schaf-, Pferde- oder Kuhdung, kultiviert.

Der **Schafchampignon** *(Agaricus arvensis* syn. *Psalliota arvensis)*, auch Schafegerling und Weißer Anisegerling, ist ein mittelgroßer Pilz mit 5 bis 15 cm breitem, weißem Hut mit anfangs hellgrauen, dann rötlichen und später dunkelbraunen Lamellen. Der weiße Stiel ist 6 bis 15 cm hoch. Das feste, aber zarte Fleisch ist in der Jugend weiß, später etwas vergilbend. Es riecht angenehm nach Anis und schmeckt mild, nußartig. Bei der Zubereitung sind die dunklen Lamellen zu entfernen.

Der Pilz wächst meist gesellig in lichten Wäldern, auf Waldlichtungen, Waldwiesen und Viehweiden am Waldrand, aber auch unter Büschen in Parkanlagen. Er bildet in weiten Ringen seine Fruchtkörper von Juli bis Oktober.

Im Garten wird man ihn unter Ziersträuchern und Koniferen angrenzend an Rasenflächen ansiedeln. Der Schafchampignon liebt tiefgründigen, humusreichen Boden mit guter Phosphatversorgung und nicht zu dunklen Stand. An den gewünschten Standorten bringt man im Frühjahr in den Boden Champignonkompost aus Pferdedung oder Strohkompost wie beim Kulturchampignon (aber mit einem pH-Wert von 6 bis 6,5) ein, der zuvor mit Körnerbrut *(Agaricus arvensis)* beimpft wurde. Bis zum Durchwachsen des Substrates mit dem Pilzmyzel sollte man als Schutz gegen stärkeren Regen eine Folie darüberlegen und einige Wochen später, nach dem Abnehmen der Folie, mit 5 cm Humuserde bedecken.

Ein Anbau dieses hochgeschätzten, delikaten Speisepilzes mit seinen leuchtenden weißen Hüten ist sehr zu empfehlen, zumal er vom Frühsommer bis zum Herbst Fruchtkörper bringen kann, wenn die Bodentemperatur hoch genug ist.

Der **Wiesenchampignon** *(Agaricus campestris* syn. *Psalliota campestris)*, auch Feldchampignon, Feldegerling und Wiesenegerling genannt, ist ein mittelgroßer Speisepilz mit weißem Hut und rosa Lamellen, die sich später dunkelbraun bis schwarz verfärben. Er ist 5 bis 10 cm breit und hat einen 5 bis 8 cm hohen weißen, später dunkler werdenden Stiel. Das weiße Fleisch läuft insbesondere im Alter etwas rosa an und ist zart und weich. Es riecht angenehm würzig und schmeckt mild nußartig. Bei der Zubereitung werden die braunen Lamellen weggeschnitten. Aus dem

Wiesenchampignon wurde ein antibiotischer Stoff gewonnen, der gegen Typhus-Bakterien wirkt.

Man findet den Wiesenchampignon zwischen Juni und September auf Äckern (besonders nach Wiesenumbruch), Viehweiden, Wiesen und Rasenflächen. Vor allem in warmen und trockenen Jahren leuchten nach ausgiebigem Regen oft in großen Mengen überall im grünen Rasen die weißen Pilzhüte, die meist gesellig oder auch in Hexenringen auftreten.

Im Hausgarten wird der Pilz auf denjenigen Rasenflächen am besten gedeihen, die nicht zu sauer sind, also keine Moosbildung zeigen. Eine gute Humusdüngung des Rasens im Herbst mit gekalktem Torf, verrottetem Pferdedung oder altem Champignonkompost ist zu empfehlen. An verschiedenen Stellen sollte man im Frühjahr Rasenplatten ausstechen, darunter etwa 10 cm Boden ausheben und Champignonkompost (Seite 97 f.) einbringen, diesen mit Brut beimpfen und dann die Platten wieder aufbringen. Eventuell könnte es genügen, bei günstigen Witterungs- und Bodenverhältnissen im Spätsommer abgeschnittene, reife Pilze mit gutem Sporenbesatz auf den Rasen zu legen und mit etwas abgemähtem Gras und Laub zu bedecken, damit die Sporen dort auswachsen können. Wo sich Pilzmyzel im Boden entwickelt hat, zeigt der Rasen ein dunkleres Grün.

Dieser wohlschmeckende, aromatische Pilz bereichert den Garten und belebt oft die Rasenflächen auch in Zeiten, in denen keine Fruchtkörper zu sehen sind, durch dunkelgrüne Hexenringe.

Bekannt ist der **Waldchampignon** *(Agaricus silvaticus* syn. *Psalliota silvatica)* auch unter den Namen Kleiner Blutchampignon und Kleiner Blutegerling. Dieser mittelgroße Speisepilz besitzt einen hellbräunlichen, schuppigen Hut von 4 bis 10 cm Durchmesser mit anfangs blaßrosa, später dunkelbraunen Lamellen und einem 6 bis 10 cm hohen, meist weißen Stiel. Das weißliche Fleisch färbt sich im Alter bräunlich und wird bei Verletzung blutrot, wie der Name schon sagt. Es hat einen angenehmen Geruch und milden Geschmack. Damit das Pilzgericht sich nicht braun verfärbt, schneidet man die dunklen Lamellen ab.

Dieser Champignon wächst meist truppweise in Fichtenwäldern oder im Mischwald unter Fichten. Zu finden ist er vor allem unter den starkwüchsigen Randbäumen in dichter Nadelstreu, aus der oft nur der Hut herausragt.

Im Garten wird der Pilz unter Fichtenhecken und kleineren Fichtengruppen am besten wachsen, da er im vollen Schatten nicht gedeiht. Der Untergrund sollte gut gekalkt werden, weil der Waldchampignon kalkhaltige Böden bevorzugt. Die Nadeldecke unter den Bäumen wird man auf keinen Fall entfernen, sondern eher mit weiterer Nadelstreu noch erhöhen. Ein Gemisch aus verrotteter Nadelstreu und kalkreicher Erde sollte mit Pilzmyzel beimpft und dann mit einer Schicht Fichtennadeln bedeckt werden.

Der gute Speisepilz, der von Juli bis Oktober Fruchtkörper bringt, wird sich besonders gut unter den immergrünen Fichtenhecken ausmachen und die braune, eintönige Nadelstreu beleben.

Zu den Champignons gehört auch der **Dünne Anisegerling** *(Agaricus silvicola)* bzw. Dünnfleischige Anischampignon oder Dünnfleischige Egerling. Er hat einen weißen bis gelblichen Hut von 5 bis 10 cm Breite mit hellgrauen, etwas rötlichen und später dunkelbraunen Lamellen. Der weiße Stiel ist 6 bis 12 cm hoch. Das Fleisch ist in der Jugend weiß und wird später dunkel, im Stiel wird es im Alter braun bis schwärzlich. Es riecht angenehm süß nach Anis, hat einen milden Geschmack und eignet sich gut zur Zubereitung als Pilzsalat.

Wegen seiner Widerstandsfähigkeit gegen Bodennematoden wurden in Frankreich Kreuzungen mit dem Kulturchampignon versucht.

Der Pilz wächst einzeln und in Gruppen, zum Teil in Reihen oder auch in Hexenringen im Laub- und Nadelwald. Er liebt milden Waldhumus und dichte Laub- und Nadeldecken.

Im Halbschatten könnte er im Hausgarten unter nicht zu dichten Strächerrabatten gut gedeihen und seine mittelgroßen Hüte durch die am Boden liegende Laubdecke hindurchschieben. Auch unter starkwüchsigen Brombeerhecken, unter denen das Laub nicht untergegraben wurde, hat er einen günstigen Standort. Notwendig für ein gutes Wachstum ist eine kräftige Humusschicht.

Dieser wohlschmeckende Pilz, der vom späten Frühjahr bis zum Herbst zu finden ist, kann uns eine schmackhafte, wenn auch meist nur geringe Ernte bringen.

Der **Riesenchampignon** *(Agaricus augustus)* ist ein großer Pilz, dessen dunkelbraunschuppiger Hut 10 bis 30 cm breit wird; die Lamellen sind rosa, später braun bis schwarz gefärbt. Der weiße bis bräunliche Stiel ist 10 bis 20 cm hoch und wird 2 bis 4 cm dick. Das weiße Fleisch läuft mehr oder weniger bräunlich an, es riecht nach Anis und schmeckt mild.

Man findet diesen Pilz meist gesellig im Nadelwald, besonders in der Nähe von Fichten. Im Hausgarten würde er günstig unter Fichtengruppen und Fichtenhecken gedeihen. Als Kultursubstrat eignet sich eine Mischung von Nadelstreu mit Torf und kompostiertem Stalldung. Der delikate Speisepilz, der von Juli bis Oktober Fruchtkörper bringt, ist besonders wirkungsvoll durch seinen großen und auffallenden Hut. Bis zu 25 cm Durchmesser haben auch die weißen Hüte des Großsporigen Egerlings *(Agaricus macrosporus)*, der auf Weiden und Wiesen zu finden ist.

Ein großer Speisepilz ist der **Riesenträuschling** *(Stropharia rugoso-annulata* syn. *Stropharia ferrii)* mit gelbbraunem bis dunkelbraunem Hut von 15 bis 18 cm Durchmesser. Die Lamellen sind anfangs blaßbläulich, später dunkler. Der 8 bis 12 cm hohe Stiel ist weißlich bis bräunlich gefärbt und 2 bis 4 cm dick. Das weiße Fleisch ist unter der Huthaut etwas gelblich. Es riecht schwach nach Rettich und hat bei jungen Pilzen einen milden Geschmack, der bei alten Pilzen oft unangenehm wird. Bei der Zubereitung wird meist die Oberhaut abgezogen, und die Lamellen werden entfernt. Man kann die Pilze kleinschneiden und konservieren und dann für Suppen und Soßen verwenden. Gut schmecken sie mit Champignons gemischt oder als Beilage zu Wild.

In stärkerem Maße werden der Riesenträuschling und die gebräuchlichen Kulturträuschlingssorten in der Bundesrepublik Deutschland, in der DDR, in Österreich und den Niederlanden kultiviert. Neue Kulturmethoden wurden erprobt und Brut von Kultursorten in größeren Mengen hergestellt. Mit einer Ausdehnung des Anbaues ist zu rechnen.

Man kann diese Pilzart wildwachsend von Juni bis Oktober in Gärten und auf verrottetem Stroh aus alten Mieten u. ä. finden.

Im Hausgarten ist ein regelrechter Anbau dieser Pilzart zu empfehlen, da hierfür schon Kulturmethoden bekannt sind und Pilzbrut im Handel erhältlich ist.

Der Anbau wird am günstigsten im Obstgarten unter Hochstämmen oder zwischen Buschobstreihen, im Gemüsegarten zwischen Stangenbohnenreihen oder im Wohngarten neben Strächerrabatten durchgeführt, da an diesen Plätzen eine zu starke Austrocknung durch den Schatten der Kulturpflanzen verhütet wird. Zudem wird im Nutzgarten meist eine Möglichkeit zur Bewässerung in Trockenzeiten gegeben sein. Eine eingehende Kulturbeschreibung folgt im Kapitel »Die Kultur der wichtigsten Speisepilze«.

Wegen seiner Eignung für den »Hobby-Anbau« und wegen seiner guten Erträge sollte man auf diese Pilzart im Nutzgarten nicht verzichten, auch wenn sein Geschmack bei weitem nicht mit dem vom Steinpilz oder Champignon konkurrieren kann.

Ein dekorativer Pilz mit einem klebrigen, grünen Hut, der sich später gelblich verfärbt, ist der **Grünspanträuschling** *(Stropharia aeruginosa)*. Der Hut ist 4 bis 8 cm breit und besitzt graue, später braune Lamellen. Der grünliche Stiel hat eine Länge von 5 bis 8 cm und ist 0,5 bis 1 cm dick. Das blasse, weißliche Fleisch ist weich und riecht schwach nach Rettich.

Der Grünspanträuschling wächst am Rande von Laub- und Nadelwäldern, auf Weiden und Grasplätzen, in Obstgärten und an Wegrändern. Seine Fruchtkörper erscheinen gesellig, oft in Büscheln im Herbst bis zum November.

Im Hausgarten wird er am günstigsten unter lichten Hecken und am Rande von Sträucherrabatten, unter denen sich aus dem herabgefallenen Laub eine dichte Rohhumusschicht gebildet hat, angesiedelt. Ein aus verrottetem Laub und etwas Torf hergestelltes Substrat könnte man mit Pilzmyzel beimpfen und dann unter die Humusschicht bringen. Der Pilz wächst auch gut auf vermodernden Stämmen.

Dieser kleine Pilz kann auf den braunen Laub- oder Nadeldecken mit seinen grünen Hüten sehr belebend wirken.

Mittelgroß ist der **Violette Ritterling** *(Lepista nuda* syn. *Tricholoma nudum* syn. *Rhodopaxillus nudus)*, der auch Violetter Rötelritterling oder Nackter Ritterling genannt wird. Der 6 bis 15 cm breite Hut ist im Jugendzustand intensiv blauviolett bis braunviolett gefärbt und blaßt später bräunlich aus. Die Lamellen sind anfangs violett und später bräunlich. Der blauviolette Stiel ist 1,5 bis 2 cm dick und 6 bis 8 cm hoch. Das Fleisch ist zunächst violett und verblaßt später. Es riecht süßlich bis angenehm rettichartig und schmeckt mild, süß-säuerlich. Dieser Pilz eignet sich besonders als Mischpilz und zum Trocknen; roh sollte er nicht genossen werden.

Der Violette Ritterling wächst überwiegend in Laub- und Nadelwald, insbesondere am Waldrand, aber auch im Gebüsch von Parkanlagen, wenn der

Boden reichlich mit Nadeln oder verrottetem Laub bedeckt ist. Er kommt meist gesellig und fast immer in ringförmiger Anordnung vor. Da das Pilzgeflecht im Boden nach allen Seiten gleichmäßig wächst, bilden sich sehr oft sogenannte Hexenringe. Häufig findet man den Pilz gemeinsam mit dem Nebelgrauen Trichterling.

Der Violette Ritterling ist ein ausgesprochener Humusbewohner und benötigt daher zu seinem Gedeihen reichlich absterbendes Laub oder Nadelstreu; er wächst nicht auf Moorboden.

Schon 1946 wurde Pilzbrut in Parkanlagen in die mit verrrottetem Laub versetzte Erde gebracht, und alljährlich konnten dort im Herbst die Fruchtkörper geerntet werden, vor allem auf Plätzen, die mit frischen organischen Abfällen gedüngt waren.

Besonders eignet sich für den Anbau auch eine Mischung aus zusammengekehrtem Laub und beim Rasenmähen abgeharktem Gras. Die Fruchtkörperbildung kann auf diesem Substrat durch Bedecken mit einer Folie ab Anfang Oktober gefördert werden.

In Kulturräumen wird als Substrat Champignonkompost (siehe Seite 99) mit 25 % gehäckseltem Stroh verwendet. Das Myzel wächst am besten bei 20 bis 25 °C, für die Fruchtkörperbildung sind Temperaturen von 10 bis 15 °C günstig. In den Niederlanden wurden für den Erwerbsanbau geeignete Sorten gezüchtet. Im Hausgarten wird der Violette Ritterling am besten unter Strächerrabatten und Nadelholzgruppen gedeihen, unter denen eine dichte Humusschicht vorhanden ist. Dieser ergiebige Speisepilz, der noch im Spätherbst (Fruchtkörperbildung September bis Dezember; günstigste Temperatur etwa 10 °C) gedeiht und kaum von Maden befallen wird, sollte nicht zuletzt wegen seiner prächtigen Färbung einen Platz im Hausgarten finden.

Der **Mairitterling** *(Tricholoma georgii* syn. *Tricholoma gambosum* syn. *Calocybe georgii* syn. *Calocybe gambosa)*, auch Maipilz und Hufpilz genannt, hat einen cremeweißen bis blaßgelben Hut von 6 bis 15 cm Durchmesser. Die Lamellen sind weiß gefärbt. Der mittelgroße Pilz hat einen weißen bis mehlfarbigen 5 bis 8 cm hohen Stiel von 1,5 bis 3 cm Dicke. Das weißliche Fleisch ist weich, nur im Stiel faserig, dick und schmeckt angenehm mild. Es riecht stark mehlartig. Den kräftigen Geruch und Geschmack sollte man durch Zusatz von Gewürzen oder Kräutern überdekken.

Der Pilz ist vor allem auf Wiesen, Weiden und Grasplätzen heimisch. Im Wald kommt er selten vor; er wächst aber häufig an Waldrändern und Waldwegen auf grasigen Stellen. Auch in Heidelandschaften und in Parkanlagen unter Gebüsch ist er anzutreffen. Meist wächst er in Hexenringen, hufförmigen Halbkreisen und in Reihen. Das Myzel fördert im Wiesenboden das Wachstum von Gras und Kräutern, so daß diese Stellen ein dunkleres Grün aufweisen. Die Fruchtkörper erscheinen im Frühling und Frühsommer (April bis Juni).

In Obstanlagen, die im Grasland stehen, auf Grasflächen in Parkanlagen bis in die angrenzenden Gebüsche und auf nicht zu häufig gemähtem Rasen kann der Mairitterling gedeihen. Der Boden sollte nicht sauer sein, sondern zumindest neutral. Pilzbrut sollte man im Halbschatten in den Boden bringen.

Unter Glas wurde dieser Pilz auf einem mit 5 % Maiskleie oder Weizenkleie angereicherten, sandigen Bodensubstrat kultiviert (100 g Pilzbrut auf 6 kg Substrat). Das Substrat war bei rund 30 °C in etwa 45 Tagen vom Myzel durchwachsen. 2 bis 3 Wochen nach dem Aufbringen von Deckerde erscheinen die ersten Fruchtkörper.

Da der Maipilz sehr früh im Jahr, schon kurz nach den Morcheln, seine weißen Fruchtkörper im saftigen Gras hervorleuchten läßt, ist er im Frühling ein sehr geschätzter Speisepilz.

Der **Grünling** *(Tricholoma flavovirens* syn. *Tricholoma equestre)*, auch Goldreizker und Grünreizker genannt, ist ein mittelgroßer Speisepilz mit gelbem bis grüngelbem 4 bis 10 cm breitem Hut, dessen Lamellen schwefelgelb gefärbt sind. Der gelbe, grünlich getönte, 4 bis 6 cm hohe Stiel ist 1 bis 2 cm dick. Das weißliche bis gelbliche Fleisch ist unter der Huthaut kräftig gelb. Es riecht schwach nach Mehl und schmeckt angenehm gurkenähnlich. Dieser vorzügliche Speisepilz eignet sich für jede Art der Zubereitung und Konservierung.

Heimisch ist der Grünling in sandigen Kiefernwäldern und Heidelandschaften, seltener im Fichtenwald. Meist nesterweise sitzt er tief im Nadelboden, die Nadelstreu nur wenig anhebend. Von August bis November lassen sich oft große Mengen ernten.

Auf sandigen Böden kann der Pilz auch im Hausgarten und unter Kiefern im Heidegarten gute Ernten bringen. Bei kalkreichen Böden sollte der Untergrund vor der Ansiedlung der Grünlinge durch Beimischung von Nadelerde oder verrotteter Nadelstreu auf einen sauren Bodenzustand gebracht werden. An die Wurzeln der Jungpflanzen sollte dann ein Gemisch von zersetzten Kiefernnadeln und mit Myzel beimpftem Torf (siehe Seite 123 »Impftorf«) gebracht und darüber eine lose Schicht Nadeln gedeckt werden. Durchlässiger, sandiger Untergrund, Feuchtigkeit und Beschattung sind notwendig. Unter Nadelhölzern kann uns dieser ausgezeichnete Speisepilz im Herbst eine gute Ernte bringen.

Ein mittelgroßer Hutpilz ist der **Lilastiel** *(Lepiota personata* syn. *Rhodopaxillus personatus* syn. *Tricholoma personatum)*, der auch Maskierter Rötelritterling und Maskenritterling genannt wird. Der 6 bis 12 cm breite Hut ist blaßlila bis bräunlich gefärbt, und auch die anfangs weißlichen Lamellen verfärben sich über Blaßlila später bräunlich. Der in prächtigem Lila leuchtende Stiel ist etwa 8 cm hoch. Das Fleisch ist weißlich, riecht frisch säuerlich und hat einen milden Geschmack. Jung ist dieser oft ergiebige Speisepilz wohlschmeckend. Bräunlich verfärbte Stücke sollte man nicht genießen.

Der Lilastiel wird in feuchten Wiesen, auf Viehweiden und im Gras unter Obstanlagen gefunden. Im Nadelwald wächst er kaum und nur selten im Laubwald, aber im Gebüsch außerhalb des Waldes oder in Auwäldern im Bereich von Bach- und Flußläufen. Im Spätherbst, zu Beginn der Nachtfröste, findet man die Fruchtkörper auf den Wiesen zwischen Gras und Kräutern. Sie bilden häufig Hexenringe, die sich im Gras durch dunkelgrüne und kräftige Färbung abzeichnen. Die Haupterntezeit fällt in den Oktober bis November.

Im Hausgarten wären für diesen Pilz Obstgärten, die im Rasen stehen und ausreichend Feuchtigkeit besitzen, geeignet. Rasenanlagen in Parks oder in Gärten, sofern sie im Herbst nicht mehr geschnitten werden, können ein geeigneter Standort sein, eventuell auch an den Rasen angrenzende lichte Sträucherrabatten. Dieser prächtig gefärbte, frostbeständige Pilz kann im Spätherbst und Winter eine weitere farbliche Bereicherung des Gartens bringen.

Auch der **Amethystblaue Lacktrichterling** *(Laccaria amethystina)* kann uns viel Farbe auf schattige Plätze bringen. Er ist in allen Teilen blau gefärbt und bringt seine 2 bis 4 cm breiten Fruchtkörper von Juli bis September im Laub- und Nadelwald. Im Hausgarten kann dieser kleine Speisepilz besonders unter Baumgruppen und Sträucherrabatten im Baumpilz-Ziergarten blaue Farbflecke auf den Humusboden zaubern.

Ein sehr großer Vertreter der Hutpilze ist der **Parasol** *(Macrolepiota procera* syn. *Lepiota procera)*, der auch Großer Schirmling, Riesenschirmling und Riesenschirmpilz genannt wird. Der zartbräunliche, 10 bis 30 cm breite Hut ist ockerbraunschuppig auf blaßem Grund. Die Lamellen sind weiß bis weißlich gefärbt. Der 10 bis 30 cm hohe, etwa 1 bis 2,5 cm dicke Stiel ist auf weißem Grund braunschuppig gezont. Das Fleisch ist weiß, im Hut sehr zart und weich bis flockig – im Alter lederartig –, im Stiel kernig fest und später holzig, faserig. Im jungen Paukenschlegelzustand gehört der Parasol zu den schmackhaftesten Pilzen. Der Geruch ist nicht unangenehm, fein säuerlich, aromatisch, der Geschmack nußartig und etwas süßlich.

Ein Leckerbissen sind die Hüte, wenn sie paniert und wie Schnitzel gebraten werden. Der Parasol kann auch zerschnitten und getrocknet werden. Der rohe Pilz schmeckt zwar angenehm nach Haselnuß, wird aber roh teilweise nicht vertragen und sollte daher auch nicht roh genossen werden.

Auf lichten, grasigen Waldstellen, z. B. im Kiefernwald, zeitweilig besonnten Plätzen an Waldrändern, Kahlschlägen und Waldwegen, findet man oft besonders schöne Exemplare dieses ansehnlichen, prächtigen Pilzes. Auch in Gärten und Parkanlagen, häufig unter einzeln stehenden Bäumen, stehen Parasole wie aufgespannte Schirme. Dagegen sind sie nur selten auf wenig gedüngten Wiesen und Äckern zu finden. Meist stehen nur wenige Pilze beisammen, selten findet man sie gesellig, bisweilen allerdings in Hexenringen. Die Fruchtkörper erscheinen von Juli bis Oktober.

In Gärten und Parks wirken diese auf hohen, schlanken Stielen stehenden, oft tellergroßen Pilze am besten an gut einzusehenden, leicht sonnigen Plätzen, am Rande von Gebüsch oder unter einzelnstehenden Bäumen im Rasen. Auch auf Komposthaufen wurden diese Pilzriesen schon kultiviert. Sandiger Untergrund und ausreichend Feuchtigkeit begünstigen das Wachstum. Bei der Kultur auf Substraten wird synthetischer Champignonkompost (Strohkompost) verwendet. Am besten wächst der Pilz bei etwa 25 °C und 80 bis 90 % Luftfeuchtigkeit.

Bei diesem Riesenschirmpilz handelt es sich nicht nur um einen ausgezeichneten Speisepilz, sondern um eine prächtige Pflanze, die sowohl im Jugendstadium, wenn sich die noch rundlichen Hüte wie Paukenschlegel aus dem Gras recken, wie im Alter, wenn die mächtigen Schirme die Augen aller Besucher auf sich lenken, als Blickfang dienen kann.

Nur mittelgroß ist der **Rötende Schirmling** *(Macrolepiota rhacodes* syn. *Lepiota rhacodes)*, auch Safranschirmling, der einen auf graubraunem Grund meist braunschuppigen Hut von 8 bis 15 cm Durchmesser besitzt. Der 10 bis 15 cm hohe Stiel ist blaß bis bräunlich. Das weiße Fleisch läuft, wenn es zerbrochen wird, safranrot an. Der Pilz ist eßbar und jung recht schmackhaft, besonders gebraten, alte Pilze sind etwas zäh. Die zähen Stiele sind nicht verwendbar. Das Fleisch ist weich, der Geschmack mild, der Geruch schwach aromatisch.

Dieser Schirmling ist viel geselliger als der Riesenschirmling und findet sich manchmal in größeren Trupps, auch in Hexenringen unter Fichten, besonders an Waldrändern und Waldwegen, in der dichten Nadelstreu. Er kommt auch in Parkanlagen, Gärten und auf Komposthaufen vor. Er darf aber nicht mit dem auch in Gärten vorkommenden *Lepiota rhacodes* var. *hortensis*, der grobe Schuppen auf weißem Grund hat und teilweise als schwach giftig angesehen wird, verwechselt werden. Die Fruchtkörper des Rötenden Schirmlings erscheinen von Juli bis November.

Im Garten kann man den Pilz auf Kompostplätzen kultivieren. Man mischt die oberste Schicht vom Kompost mit Torf (pH-Wert 5 bis 6), bringt von Myzel gut durchwachsene Bodenstücke hinein und bedeckt sie mit nasser Erde. Oder man bringt das Waschwasser und die Abfälle von Schirmlingen auf den Kompost und wirft Gras oder Blätter darüber. Pilzbrut kann man aus einer Mischung von sterilem Champignonkompost mit Weißtorf (1 : 1) durch Beimpfung mit vom Schirmlingsmyzel gut durchwachsenen Agarstücken herstellen. Auch unter Fichtenhecken, die nicht zu dicht stehen, und unter Nadelholzgruppen kann man in mit Torf verbessertem Boden eine Beimpfung versuchen.

Da der junge Pilz recht delikat ist, wäre eine Nutzung der Komposthaufen durch den Anbau dieses Schirmlings zu erwägen.

Rosablättriger Schirmling *(Lepiota naucina* syn. *Agaricus naucinus* syn. *Lepiota pudica* syn. *Lepiota parvis)* heißt eine kleine Schirmlingsart, deren grauer bis brauner Hut 5 bis 10 cm Durchmesser hat. Der Pilz ist auch zunächst ei-, dann glockenförmig und wirkt schließlich abgeflacht. Der Stiel ist 5 bis 7 cm hoch. Der wohlschmeckende Speisepilz hat zartes, weißes Fleisch und einen angenehmen Geruch und Geschmack. Er wächst auf Feldern, in Gärten und an Waldrändern. Die Erntezeit reicht vom Frühjahr bis zum Herbst. Im Hausgarten wird der Pilz einen Platz am Rande von Sträucher- und Nadelholzrabatten finden.

Erwerbsmäßig kultiviert werden kann der Rosablättrige Schirmling auf Champignon-Kompost (Seite 97 ff.), auf den man nach dem Durchwachsen mit Myzel eine Schicht Deckerde bringt.

Nebelgrauer Trichterling *(Clitocybe nebularis)* heißt ein häufig vorkommender, mittelgroßer Hutpilz, der auch Graukopf, Graukappe oder Nebelkappe genannt wird. Der dickfleischige, hellgraue Hut hat einen Durchmesser von 7 bis 15 cm. Die Lamellen, die sich leicht vom Hutfleisch ablösen lassen, sind weißlich bis gelblich gefärbt. Der weißlich bis bräunlich aussehende Stiel

Nebelgrauer Trichterling im welken Laub.

ist 7 bis 10 cm hoch. Das weiße, nicht verfärbende Fleisch ist dick und im Jugendstadium fest, später wird es weich und schwammig; die Oberhaut läßt sich leicht abziehen. Der starke und würzige Geruch wird oft als unangenehm empfunden. Der Geschmack ist säuerlich mild, sagt aber nicht jedermann zu, weshalb man den Nebelgrauen Trichterling nur als Mischpilz verwenden sollte, wofür er recht brauchbar ist. Es ist ratsam, nur junge Pilze zu verwenden, sie vor der Zubereitung abzubrühen und das Brühwasser fortzuschütten. Nach Frostbeginn nicht mehr ernten!

In Laub- und Nadelwäldern durchbrechen die grauen Pilze oft in großer Zahl die dichte Laub- und Nadelstreu. Fast immer findet man sie gesellig, oft gemeinsam mit dem Violetten Ritterling, meist in Reihen oder in umfangreichen, dicht bestandenen Hexenringen. Der Pilz ist ein reiner Humusbewohner, der von der Art des Baumbestandes unabhängig ist. Von September bis November findet man ihn in Waldungen, Gebüschen und Parkanlagen.

Im Hausgarten kann er unter den Sträucherrabatten und dem Buschwerk gedeihen, wenn das Laub nicht untergegraben wird, sondern als dichte Humusschicht den Boden bedeckt. Da er sich am besten auf Buchenlaub kultivieren läßt, wäre es ratsam, dort, wo man ihn ansiedeln will, zunächst eine Schicht verrotteten Buchenlaubs auf den Boden zu bringen und diese mit Brut zu beimpfen. Auch ein Komposthaufen aus abgefallenem Laub und abgeharktem Gras eignet sich für eine Herbstkultur. Da es sich beim Nebelgrauen Trichterling um ling um einen sehr ergiebigen Speisepilz handelt, der sich in gutem Humusboden unter den Sträuchern wohlfühlt, scheint seine Ansiedlung nützlich, auch wenn er hohen geschmacklichen Anforderungen nicht entspricht.

Mönchskopf *(Clitocybe geotropa)* oder Ledergelber Riesentrichterling heißt ein großer Blätterpilz mit hellocker- bis lederfarbenem Hut. Der 10 bis 20 cm breite Hut besitzt ockerfarbige Lamellen und thront auf einem 2,5 bis 3 cm dicken, 8 bis 20 cm hohen ockergelben Stiel. Das Fleisch ist weißlich bis schwach bräunlich, in der Jugend fest und später bald zäh. Es ist widerstandsfähig gegen Befall durch Fäulniserreger. Der Geschmack ist mild, der Geruch angenehm würzig. Da das zähe Fleisch bei Pilzen, die bereits die Trichterform entwickelt haben, den angenehmen Geschmack verliert, sollte man nur junge Pilze essen und vor allem die Stiele älterer Exemplare wegschneiden.

Der in den Trichterlingen vorhandene Wirkstoff Clitocybin hemmt Bakterienwachstum. Daher tritt im Bereich der Hexenringe keine Fäulnis auf. Das antibiotische Clitocybin tötet auch die Erreger ab, gegen die Penicillin nicht wirkt.

Der im Wald wegen seiner Größe auffallende Herbstpilz ist nicht von Boden- und Baumart des Standortes abhängig, er liebt Humusboden. Er wächst auf feuchten, kräuterreichen Waldwiesen, in Auwäldern und auf Weiden, oft in Reihen und Hexenringen. Die Erntezeit fällt in den September bis November.

In feuchten Obstgärten, auf Grasland und auf humusreichen, feuchten Stellen zwischen Sträuchergruppen können diese ansehnlichen Hutpilze zwischen dem bunten Herbstlaub den Gartenboden beleben.

Einen eigenartigen, ei- bis kerzenförmigen, walzenartig verlängerten Hut besitzt der **Schopftintling** *(Coprinus comatus)*, auch Spargelpilz oder Porzellantintling genannt. Der anfangs schneeweiße Hut mit einem blaßockerfarbenen Scheitel zerfließt schon nach kurzer Zeit tintenartig schwarz (daher der Name Tintling). Er ist etwa 5 bis 15 cm hoch und 3 bis 6 cm breit. Die zunächst weißen Lamellen verfärben sich allmählich rosa, um später tintenschwarz zu zerfließen. Der weiße Stiel ist 10 bis 20 cm hoch und 1 bis 2 cm dick. Das weiße Fleisch von Hut und Stiel ist etwas brüchig und sehr zart. Es schmeckt im jugendlichen Stadium, wenn Lamellen und Hüte noch schneeweiß sind, sehr gut. Der Geruch ist angenehm, schwach rettichartig, der Geschmack mild. Ausgewachsene Fruchtkörper kann man nicht lagern, sie sollten am Erntetag genossen werden. Im Erwerbsanbau werden daher die Fruchtkörper noch jung, etwa 10 cm hoch, geerntet und sind dann kühl gelagert einige Tage haltbar. Der Schopftintling (»Spargelpilz«) darf nicht mit dem Faltentintling *(Coprinus atramentarius)* verwechselt werden, der bei Alkoholgenuß starke Vergiftungserscheinungen verursacht. Der Schopftintling ist besonders schmackhaft in Suppen und Soßen und liefert einen guten Pilzextrakt.

Dieser Tintling ist ein Schuttbodenbewohner, der in neuen Parkanlagen und auf Sportplätzen, auf alten Kompoststellen und frisch mit Gras eingesäten Flächen oft in großer Zahl zu finden ist. Auch an Straßenrändern, auf Wiesen und Rasenflächen sieht man ihn häufig.

Er wächst meist gesellig oder büschelig und liebt fetten, nährstoffreichen Boden.

Dieser Pilz kann mit seinen kerzenförmigen Hüten die oft eintönigen Rasenflächen unseres Gartens beleben, er kann zwischen Sträuchern und Rabatten den nackten Gartenboden mit weißen Tupfen verzieren und auf dem Komposthaufen sowie auf Gartenbeeten von April bis November Ernten bringen. Fetter, nährstoffreicher Kompostboden ist für seine Kultur geeignet. Miststätten sind nicht brauchbar, sie fördern das Wachstum anderer Tintlingsarten (Kultur, siehe Seite 122 f.).

Nelkenschwindling *(Marasmius oreades* syn. *Marasmius caryophyleus)*, Feldschwindling, Kreisling und Nagerlschwamm heißt ein häufig zu findender kleiner Hutpilz. Der ockergelbe bis bräunliche Hut ist 2 bis 6 cm breit und hat blaßbräunliche Lammellen. Der dünne (0,3 bis 0,5 cm), feste, ebenfalls blaßbräunliche Stiel wird 4 bis 8 cm hoch. Das dünne Fleisch ist hellbräunlich, es riecht angenehm würzig und schmeckt mild, nußartig. Der Stiel ist nicht genießbar; er ist so zäh, daß man den Pilz aus dem Erdreich herausziehen kann, was ihm den Beinamen Nageling brachte. Obwohl der Pilz klein ist, ist er aufgrund seines häufigen Vorkommens doch ergiebig. Die Pilze können in Trokkenperioden eintrocknen und bei Regenwetter wieder aufquellen und weiterwachsen.

Der wohlschmeckende Speisepilz eignet sich zum Braten, für Suppen, zum Trocknen und zur Herstellung von Pilzpulver. Die zähen Stiele und alte, nach Regenwetter wieder aufgeweichte Pilze werden nicht verwendet. Die Erntezeit reicht von Juni bis Oktober.

Auf Graswegen zwischen Äckern, auf Wiesen und Weiden sowie an Waldrändern findet man den Nelkenschwindling gesellig und büschelig und oft in Reihen und großen Hexenringen (Kreisling) wachsend. Auch in Aufforstungen findet man diesen Schwindling noch im Halbschatten in der Grasnarbe.

Im Garten wird der Nelkenschwindling auf Graswegen, im Rasen und in grasbewachsenen Obstanlagen einen geeigneten Platz vorfinden und seine »geheimnisvollen« Hexenringe bilden. Da bei großer Trockenheit im Rasen Schäden entstehen können, sollte er nur da angesiedelt werden, wo reichlich Feuchtigkeit zur Verfügung steht. Im Wirtschaftsgarten können wir auf offenen Streifen unter den Obstreihen flache Gräben ausheben, ein Gemisch von Sägemehl und Kuhdung hineinbringen, es mit Pilzbrut beimpfen und dann mit Gartenerde überdecken, wenn wir eine Dauerkultur anlegen wollen.

Ein Gewürzpilz ist der **Knoblauchschwindling** *(Marasmius scorodonius)*, auch Mousseron genannt. Dieses winzige Pilzchen hat einen kugelig gewölbten bis flach ausgebreiteten, etwas runzligen, blaßbraunen Hut von 1 bis 3 cm Durchmesser. Die Lamellen sind weißlich bis bräunlich. Der 3 bis 6 cm hohe, dünne Stiel (0,1 bis 0,2 cm dick) ist braun, kahl und hart. Das Fleisch ist blaßbräunlich und sehr dünn. Der Würzpilz wird besonders zu Hammelfleisch und Braten sehr geschätzt, da er kräftig nach Knoblauch riecht und schmeckt. Getrocknet kann er den würzigen Geschmack lange Zeit halten. Heißen Gerichten sollte er erst zum Schluß zugesetzt werden, da sich sonst sein Aroma verflüchtigt.

Besonders nach kräftigen Gewitterregen erscheinen die Pilzchen oft in großen Mengen im Wald und auf Grasstellen. Sie wachsen gesellig auf gutem Humusboden, vor allem auf Nadelstreu, von Juni bis Oktober. Der Knoblauchschwindling darf nicht mit dem noch häufigeren, modrig riechenden Nadelschwindling verwechselt werden, der einen schwarzen Stiel besitzt.

Im Garten sollte der Pilz ein Plätzchen im Gewürzgarten finden, wo man ihn etwas schattig in Humusboden, der mit Nadelstreu, zerkleinerten Zweigen und etwas Kuhdung versetzt ist, ansiedeln wird.

Ebenfalls als Würzpilz geeignet ist der **Große Lauchschwindling** *(Marasmius alliaceus)* oder Saitenstielige Knoblauchschwindling, der einen schwarzen, oben bräunlichen Stiel hat und auf Waldhumus und vermodertem Holz wächst. Verrottetes Buchenlaub und Sägemehl wären hierfür als Substrat geeignet.

Der **Echte Reizker** bzw. **Edelreizker** *(Lactarius deliciosus)* ist vor allem im Gras in Kiefernbeständen zu finden. Er liebt Sand- und Kalkböden. Erntezeit ist Juli bis Oktober.

Der Hut hat 3 bis 10 cm Durchmesser. Er ist anfangs flach, später eingedrückt bis trichterförmig. Er ist zunächst orangerot bis orangegelb, später grünlich gefärbt. Der Hut hat 4 bis 6 rostfarbene, 1 bis 3 mm breite Ringe.

Der Stiel ist 3 bis 6 cm hoch, rötlichgelb und hat oft eingesenkte, mohrrübenrote Flecken oder Gruben. Die orangerote Milch (daher die Bezeichnung Milchlinge) verfärbt sich beim Abschneiden der Fruchtkörper orangegelb und später graugrün. Sie schmeckt meist mild. Die aprikosengelben bis ockerfarbenen Lamellen färben sich bei Verletzung grün. Die Sporen sind gelb. Das hellgelbe Fleisch verfärbt sich durch die Milch rot. Der Geruch ist obstartig. Die Hüte werden unzerteilt paniert und gebraten.

Im Hausgarten wäre im Ziergarten in der Kieferngruppe auf leichtem, kalkreichem Boden ein günstiger Platz. Der Edelreizker ist ein Mykorrhizapilz, daher ist eine Beimpfung mit Reizkermyzel notwendig.

In Südfrankreich führte das I.N.R.A., Station de Recherches sur les Champignons, Versuche mit Kiefern durch, die mit Edelreizker-Myzel beimpft wurden. Die Auswertungen aus 6 Jahren ergaben jährliche Erträge von 400 bis 500 g Fruchtkörper je Baum.

Der **Speisetäubling** *(Russula vesca)* ist ein mittelgroßer Blätterpilz mit rosa bis rotbraunem Hut. Dieser ist 6 bis 10 cm breit und hat weiße, brüchige Lamellen. Der weiße, 3 bis 6 cm hohe Stiel ist fest und etwa 2 cm dick, an der Basis etwas verjüngt. Das Fleisch ist weiß und fest, fast geruchlos, der Geschmack angenehm nußartig. Die Huthaut sollte man, soweit sie sich löst, abziehen.

Diese Art ist von Juli bis Oktober im Laub- und Nadelwald zu finden, sie tritt vielfach im Hochwald und am Waldrand, zum Teil gemeinsam mit Waldbeeren und Heidekraut, einzeln oder gesellig auf. Der Pilz kommt auf Sandboden, aber auch auf lehmigen Böden vor.

Der in der Jugend zunächst blasse, später aber meist fleischrot gefärbte, schmackhafte Speisepilz wird sich unter lichten Baumgruppen im grünen Moos schön hervorheben und Farbe in den Hausgarten bringen. Auf leichtem, humosem Boden, der mit Buchenlauberde verbessert wurde, wird er sich auch im Garten wohlfühlen. Er gedeiht *nur* in Symbiose mit Buchen u. a. Baumarten. Wegen seiner Farbwirkung und seines Wohlgeschmackes sollte man versuchen, für den Speisetäubling einen geeigneten Platz im Garten zu finden.

Der **Horngraue Rübling** *(Collybia butyracea* var. *asoma)* ist die graue Abart des Butterrüblings. Der kleine Pilz hat einen graubraunen Hut von 3 bis 6 cm Breite mit blassen Lamellen. Der graubraune Stiel ist 5 bis 6 cm hoch und etwa 1 cm dick. Das Fleisch ist weißlich, weich und wäßrig, der Geschmack mild. Diese als Mischpilz gut brauchbare Art ist im Nadel- und Laubwald zu finden. Sie kommt häufig und gesellig, oft auch in Kreisen, von August bis Oktober vor.

Im Hausgarten könnte man den Horngrauen Rübling im Halbschatten, insbesondere von Nadelbäumen, ansiedeln. Der Boden sollte sandig und ausreichend mit Kalk versorgt sein. Auf einem Substrat aus Sägespänen und verrotteter Nadelstreu müßte der Pilz gedeihen.

Der **Frühlingsackerling** *(Agrocybe praecox* syn. *Pholiota praecox* syn. *Pholiota candicans)*, auch Frühlingsschüppling, hat kleine hellockergelbe Hüte von 4 bis 10 cm Breite mit braunen Lamellen. Der 0,5 bis 1 cm dicke, weißliche Stiel ist 10 bis 15 cm hoch. Das Fleisch ist weich und etwas wäßrig, aber trotzdem ziemlich haltbar. Es riecht und schmeckt mehlartig. Der Pilz eignet sich für Suppen und gut gewürzt und mit Fett zubereitet als Beilage zum Mittagessen.

Er kommt in Wäldern, an Acker- und Wegrändern, auf Rasenflächen und in Gärten vor, vielfach auf mit Stalldung gedüngtem Boden. Fruchtkörper bildet er ab Mitte Mai, wenn die Bodentemperatur etwa 12 °C erreicht hat, bis in den Sommer hinein. Er tritt häufig und meist gesellig auf.

Im Garten ergänzt er die Gruppe der Frühjahrspilze. Er wird an Plätzen, die teilweise besonnt sind, gut gedeihen. Eine Bodenverbesserung mit einem Gemisch aus Sägespänen und Gerstenspreu, wie sie auch für Kulturen im Hauskeller angebracht ist, eventuell mit abgetragenem Champignonkompost gedüngt, schafft für die Brut ein günstiges Wachstums-Substrat.

Leistenpilze

Einer der bekanntesten Speisepilze ist der **Pfifferling** *(Cantharellus cibarius)*, auch Eierschwamm oder Rehling. Dieser in Mengen auftretende kleine Pilz hat einen dottergelben, trichterförmigen Hut von etwa 2 bis 8 cm Durchmesser mit ockerfarbenen Leisten. Der gelbe Stiel ist 2 bis 6 cm hoch. Das gelblichweiße Fleisch ist sehr fest, fast zäh. Größere Pilze sollten bei der Zubereitung gut zerkleinert werden, da sie sonst schwer verdaulich sind. Der Geruch ist würzig, mit aprikosenähnlichem Aroma, der Geschmack ist kräftig, etwas pfefferartig. Der Pfifferling wird fast nie madig, er ist haltbar, vielseitig zu verwenden und eignet sich gut zum Einmachen in Gläsern.

Der meist in größerer Zahl zusammenstehende, gelb aus dem Grün von Moos und Gras oder der braunen Nadelstreu hervorleuchtende Pilz kommt ab Juli in Laub- und Nadelwald vor. Im lichten Hochwald ist er unter Kiefern, Fichten und Buchen in Waldgras und Moos, im Fichtendickicht zwischen Heidelbeeren, in dicken Moospolstern und in der Nadelstreu zu finden. Da sein Fadengeflecht meist in der obersten Boden- bzw. Humusschicht wächst, wird es beim Aufreißen von Moos und Laub zerstört und wächst meist nicht mehr weiter. Man sollte die Fruchtkörper daher nicht ausreißen, sondern abschneiden.

Im Hausgarten würde man diesen aromatischen Pilz überall gern sehen, wenn es gelänge, ihn dort heimisch zu machen. Besonders in kleinen, dichten Gruppen von Kiefern und Fichten, unter denen der Boden mit Nadelstreuhumus angereichert ist, könnte man Moos ansiedeln oder in lichteren Gruppen Heidelbeeren als Unterpflanzung verwenden. Ein Pfifferlingsgarten würde vielen Liebhabern Freude bereiten. Zur Kultur siehe »Kultur von Mykorrhizapilzen«.

Die **Laubwaldform der Pfifferlinge** *(Cantharellus cibarius* var. *pallidus)* kommt im Gegensatz zur Normalform weniger auf sauren Böden und im Nadelwald, sondern mehr in halbhohen Buchenwäldern und auf neutralem bis kalkreichem Untergrund vor. Der hellgelbe Hut ist bis zu 12 cm breit und hat blaßgelbe Leisten. Das Fleisch ist weiß, fest, wohlschmeckend und selten von Maden befallen. Da diese Varietät größere Erträge verspricht, dürfte sich der Versuch lohnen, sie auch im Hausgarten im Schatten von Buchen auf Böden anzusiedeln, die mit verrottetem Buchen-

Steinpilz.

laub bedeckt sind, wenn beimpfte Jungbäume oder Pilzbrut (Pilztorf) zur Verfügung stehen.

Röhrenpilze

(Die angeführten Röhrenpilze sind Mykorrhizapilze, die bisher nur in Lebensgemeinschaft mit Bäumen Fruchtkörper ausbilden.)

Der **Steinpilz** *(Boletus edulis)*, auch Herrenpilz genannt, kann als Mykorrhizapilz nur in Lebensgemeinschaft mit bestimmten Baumarten, deren feinste Saugwurzeln mit dem Pilzmyzel eng verbunden sind, Fruchtkörper bringen. Es gibt verschiedene *Boletus*-Arten, die auf unterschiedliche Baumarten spezialisiert sind.

Der begehrte Fichtensteinpilz hat einen zunächst weißlichen, später hellbraunen und im ausgewachsenen Zustand dunkelbraunen Hut von 8 bis 25 cm Breite. Die auf der Hutunterseite befindlichen Röhren sind zunächst weißlich und später gelbgrünlich gefärbt. Der kräftige, 3 bis 5 cm dicke Stiel ist weißlich bis fahlbraun und hat eine Höhe von 10 bis 20 cm. Das reinweiße, in der Jugend feste, fast harte Fleisch verfärbt sich bisweilen unter der Huthaut etwas rötlich. Das kernige Fleisch wird im Alter weich und schwammig. Der Geruch ist mild und angenehm, der Geschmack nußartig. Der Steinpilz eignet sich für alle Arten der Zubereitung. In Omeletteteig oder paniert und gebacken schmeckt er ausgezeichnet. Kleingeschnitten und mit Zwiebeln gedünstet, kann er zu zahlreichen Gerichten verwendet werden; prächtig mundet er auch zu Wildbraten. Ältere Pilze kann man zerkleinern und dörren und so noch nach Monaten vielseitig verwenden.

Der Pilz kommt in Misch- und Nadelwald vor, an Waldrändern, auf Waldwegen, unter jungen Fichtenbeständen und im Hochwald, besonders, wenn auf sommerliche Hitze starke Gewitterregen folgen. Nach Trockenheit und Kühle folgt meist starker Madenbefall. Der Fliegenpilz zeigt häufig das Vorhandensein von Steinpilzen an. Erntezeit ist Juni bis Oktober.

Der **Eichensteinpilz** *(Boletus edulis* ssp. *reticulatus)*, auch Sommersteinpilz, hat einen blaßbraunen Hut und Stiel. Sein weißes, weiches Fleisch ist unter der Huthaut etwas bräunlich, der Geruch ist sehr angenehm, mild und wohlschmeckend. Er kommt besonders im Laubwald unter lichten Eichen- und Buchenbeständen vor und erscheint von Mai bis Juli in großen Mengen.

Der **Kiefernsteinpilz** *(Boletus edulis* ssp. *pinicola)*, auch Piniensteinpilz, hat einen rotbraunen Hut mit erst weißer, dann gelblicher Röhrenschicht. Der dickbauchige Stiel ist bräunlich und stark genetzt. Das Fleisch ist weich und weiß, im Hut mit rötlicher oder gelblicher Tönung, unter der Huthaut rot, beim Kochen wird es gelbgrün. Der Geruch ist würzig, der Geschmack mild und angenehm. Der Pilz wächst in Misch- und Nadelwald gesellig, vor allem am Fuße der Baumstämme. Erntezeit ist Frühsommer bis Herbst.

Im Hausgarten wird die Ansiedlung von Steinpilzen nicht einfach sein. Geeignete Plätze dürften in größeren Gärten Baumgruppen von Fichten, Kiefern oder Birken sein oder einzeln stehende Buchen oder Eichen. In kleineren Gärten wird unter lichten Kieferngruppen oder im Heidegarten ein geeigneter

Platz zu finden sein, vielleicht auch unter einer Fichtengruppe oder -hecke.

Schon im Jahre 50 nach Christus versuchte man, Steinpilze anzubauen, indem man Pilzreste in die Erde grub oder den Boden mit einem Pilzabsud übergoß. Als 1883 in Dresden Steinpilzsporen, mit Sand vermischt, auf Grasflächen unter Nadelholz und Laubholz ausgestreut wurden, sollen sich im zweiten Jahr an den betreffenden Stellen reichlich Pilze gebildet haben. Auch in München soll es gelungen sein, Steinpilze zu ziehen, indem man sporentragende Fruchtkörper auf den Boden legte und mit Laub bedeckte. Der Fäulnisprozeß der Fruchtkörper soll auf die Sporen keimanregend wirken. Andere Beobachter glauben, daß die Anregung zur Keimung im Magen von Wild, das die Pilze gern frißt, vor sich gehen soll. In Polen, Holland und Japan wurde aus Gewebeteilen der Steinpilze Myzel gewonnen und durch Beimpfung von Nährböden die Bildung von Fruchtkörperanlagen erreicht. Geeignet erwies sich für das Myzelwachstum ein Substrat aus Torf, Sägemehl und einigen Zusätzen bei einem pH-Wert von 4,0 bis 5,5, hoher Feuchtigkeit und guter Belüftung. Besser ist es wohl, wenn man, wie bei der Trüffelkultur, junge Eichen, Fichten oder Kiefern in einem Pilzlabor mit Myzel beimpft und dann die jungen Pflänzchen im Garten auspflanzt. In Südamerika werden seit Jahren Sämlinge für Kiefern-Aufforstungen mit *Boletus*-Arten beimpft. Der Boden der Pflanzgruben kann zusätzlich noch mit Impftorf (siehe Seite 123) gemischt werden. Geeignet sind für die Pflanzung Sandböden und lehmige Sande mit saurer Rohhumusauflage.

Ein schöner Röhrenpilz ist der **Goldröhrling** *(Boletus elegans* syn. *Suillus grevillei)*, auch Lärchenröhrling, der nur in Lebensgemeinschaft mit Lärchen lebt. Der goldgelbe bis goldbraune, etwas schleimige Hut ist 7 bis 15 cm breit und hat eine gelbe Röhrenschicht. Der etwa 2 cm starke Stiel ist 6 bis 12 cm hoch, er ist unten bräunlich, oben gelblich gefärbt. Das zitronengelbe Hutfleisch und das Stielfleisch laufen bei Druck an. Das Fleisch wird bei älteren Exemplaren schwammig. Der Geruch ist angenehm, der Geschmack mild. Die Huthaut läßt sich leicht abziehen, der Stiel ist vor der Zubereitung gründlich zu reinigen.

Dieser Röhrling wächst im lichten Hochwald und auf angrenzenden Wiesen im Wurzelbereich von Lärchen, manchmal bis zu 12 m vom nächsten Baum entfernt. Das Myzel umspinnt wie ein dichter Mantel die Baumwurzeln, mit denen es in Symbiose lebt, wobei es gleichgültig ist, ob es sich um heimische oder um fremdländische Arten handelt.

Im Hausgarten muß sich sein Wachstum auf die Plätze beschränken, an denen Lärchen stehen. Im allgemeinen entwickeln sich im guten Gartenboden so kräftige Bäume, daß die Nachbarpflanzen unterdrückt werden, daher wird man den Goldröhrling lediglich unter Hängelärchen *(Larix kaempferi)* ansiedeln können. Da sich in der Forstwirtschaft zeigte, daß das Myzel häufig schon von den Jungpflanzen an den Wurzeln mitgebracht wird, scheint auch hier das Aussetzen beimpfter Pflanzen der beste Weg zur Ansiedlung dieses leuchtend goldgelben, guten Speisepilzes zu sein, dessen Erntezeit sich von Juni bis Oktober hinzieht.

Ein geschätzter Speisepilz, der allerdings nicht roh gegessen werden sollte, ist der **Maronenröhrling** *(Boletus badius* syn. *Xerocomus badius)* oder Tannenpilz. Der kleine bis mittelgroße Pilz hat einen braunen Hut von 5 bis 15 cm Durchmesser mit gelben, später olivgrünen Röhren, die bei Druck grünblau anlaufen. Der hellbraune Stiel ist 6 bis 12 cm hoch und 1 bis 4 cm dick. Das gelblichweiße bis bräunliche Fleisch verfärbt sich bei Feuchtigkeit auf Druck blau, bei Trockenheit dagegen häufig nicht. Es ist im Jugendstadium fest und wird später weich und im Stiel faserig. Der schwache Geruch ist angenehm obstartig, der Geschmack mild und dem Steinpilz ebenbürtig.

Die im Moos wachsenden Maronen sind meist größer, langstielig, mit weichem Fleisch und weniger wertvoll als die auf Nadelstreu wachsenden Pilze, die festfleischig, haltbar und kaum madig sind. Der beste Standort ist lichter Nadelwald, während der Maronenröhrling im Laubwald lediglich unter Gruppen von Nadelholz vorkommt. Der Pilz bevorzugt ältere Bestände von Kiefern, Fichten und Tannen und ist häufig am Wurzelhals großer Bäume und auf trokkener Nadelstreu zu finden. In dichteren Beständen und am Waldrand steht er oft in hohem Moos und dünnem Waldgras. Seine Fruchtkörper bildet er von Juli bis Oktober.

Im Garten wird der Maronenröhrling meist nur in größeren Anlagen einen geeigneten Platz finden. Unter Kiefern- oder Fichtengruppen mit Sonneneinfall kann er in der am Boden liegenden Nadelstreu wachsen und wird dort bessere Fruchtkörper bringen als auf mit Moos und Gras bewachsenem, feuchtem Untergrund. Für sein Gedeihen braucht er sauren Waldhumus aus zersetzten Nadeln und vermodertem Holz mit Sandboden als Untergrund.

Dieser vorzügliche Speisepilz kann auf dem ungenutzten Boden unter den Nadelbäumen auf trockener Nadelstreu oder auch in Moos und Waldgras gute Erträge bringen und den Steinpilz ersetzen.

Besonders in Kieferwäldern ist der **Körnchenröhrling** *(Boletus granulatus* syn. *Suillus granulatus)*, auch Pimp, Schmerling oder Maschlurken genannt, anzutreffen. Der gelbbraune, etwas glänzende, 6 bis 10 cm breite Hut ist gewölbt und hat anfangs gelbe, später olivfarbene Röhren. Der ringlose, 5 bis 8 cm hohe Stiel ist blaßgelb, unten etwas bräunlich und oben mit Körnchen besetzt. Das Fleisch ist gelblich, bei jungen Pilzen fest, später weich, der Geruch ist obstartig, der Geschmack mild. Der Körnchenröhrling ist ein guter Speisepilz. Die Huthaut ist vor der Zubereitung abzuziehen.

Dieser Pilz kommt vor allem in sandigen, trockenen Kiefernwäldern vor sowie am Waldrand, auf Waldwiesen und an grasigen Wegrändern. Die Erntezeit reicht von Juni bis Oktober.

Im Garten wird der Pilz am besten auf kalkhaltigem Boden unter Kieferngruppen gedeihen. Da sein Myzel verhältnismäßig schnell wächst, wird der Körnchenröhrling in der Forstwirtschaft zur Beimpfung von Kiefern verwendet (Näheres dazu siehe »Kultur von Mykorrhizapilzen«).

Der **Birkenröhrling** *(Boletus leucophaeus* syn. *Boletus scaber* syn. *Leccinum scabrum)*, Birkenpilz, Kapuziner oder Geißpilz ist mittelgroß. Er hat einen bräunlichen, 5 bis 12 cm breiten Hut mit weißlichen, später grauen Röhren. Der weißgraue, schuppige Stiel ist schlank (1 bis 2 cm dick) und 8 bis 17 cm hoch. Das weiße Fleisch wird an Bruchstellen etwas grau, beim Kochen wird es dunkel. Es ist im Hut weich, bald schwammig, im Stiel fest und faserig. Der Geruch ist angenehm, der Geschmack mild. Der junge Birkenröhrling ist ein guter, weichfleischiger Speisepilz, der gut zu Gemüse paßt und sich für die Verwendung in Soßen und Suppen eignet.

In lichten Laubwäldern und Gebüschen sowie auf Moor- und Heideflächen, wo Birken wachsen, steht er einzeln, aber häufig. Die Erntezeit dauert von Juni bis Oktober.

Im Heidegarten oder im Vorgarten unter Birkengruppen kann der Pilz auch im Hausgarten gut gedeihen. Da der Birkenröhrling etwas Halbschatten liebt, sollten freistehende Birken möglichst bis unten beastet sein. Der Boden braucht eine Humusauflage, eventuell auch etwas Ziergras oder Moos. Auch hier wäre wahrscheinlich die Pflanzung junger Birken, die bereits Pilzmyzel besitzen, die beste Methode.

Dem Birkenröhrling sehr ähnlich sind der **Orangegelbe Rauhfuß** *(Leccinum testaceo-scabrum)*, der im Misch- und Nadelwald sowie bei reinem Birkenbestand gedeiht und ein guter Speisepilz ist, sowie die **Rotkappe** *(Leccinum aurantiacum)*, die vor allem in Laubwäldern unter Espen, Hainbuchen und Birken wächst und einen großen, ausgezeichneten Speisepilz darstellt, der allerdings nicht roh genossen werden sollte. Unter Hainbuchen und Espen findet man den **Hainbuchenröhrling** *(Leccinum carpini)*.

Der Orangegelbe Rauhfuß wird sich besonders für Mischpflanzungen von Nadelbäumen mit Birken eignen, die Rotkappe und der Hainbuchenröhrling gedeihen unter Pappel- und Hainbuchenhecken, wenn das abgefallene Laub nicht entfernt wird und so unter der Hecke eine Rohhumusschicht entsteht. Die Hainbuchen- und Pappeljungpflanzen sollten bereits an ihren Wurzeln das Myzel der mit ihnen in Symbiose lebenden Pilzarten besitzen.

Stachelpilze

Aus der Familie der Stoppelpilze bzw. Stachelpilze sind der **Semmelstoppelpilz** *(Hydnum repandum* syn. *Sarcodon repandus)* und seine Abarten zu erwähnen. Der mittelgroße Fruchtkörper ist gelblichweiß bis ockerfarben und bildet die Sporen an hellfarbigen Stacheln an der Hutunterseite aus. Der 6 bis 15 cm breite Hut sitzt auf einem kurzen, zum Teil exzentrischen Stiel. Das weiße Fleisch ist brüchig, aber kernig, und eignet sich gut zum Braten. Der Geruch ist recht angenehm, der Geschmack bei jungen Pilzen mild, bei alten etwas bitterlich, so daß diese vor der Verwendung abgebrüht werden sollten.

Der Semmelstoppelpilz wächst in Laub- und Nadelwald und ist recht häufig unter lichten Buchenbeständen zu finden. Meist steht er truppweise, oft in Reihen oder Hexenringen. Seine Fruchtkörper bildet er von Juli bis November. Da er langsam wächst, ist sein Fleisch recht haltbar, und die Hüte lassen sich auch für Dekorationszwecke verwenden.

Im Hausgarten kann der Pilz überall im Halbschatten gut gedeihen. Er

Flaschenstäublinge in abgefallenem Laub.

wächst nicht nur auf Humusboden, sondern sogar auf vermorschendem Holz, so daß man ihn auch auf den mit holzbewohnenden Pilzen beimpften Stämmen im Garten finden kann.

Da dieser Pilz bis in den Spätherbst hinein seine schön leuchtenden Fruchtkörper bildet und vielseitig verwendbar ist, kann seine Ansiedlung im Garten empfohlen werden.

Bauchpilze

Zu den Bauchpilzen gehört der **Flaschenstäubling** *(Lycoperdon gemmatum* syn. *Lycoperdon perlatum)*, irrtümlich wird er oft auch Birnenstäubling genannt.

Der umgekehrt flaschenförmige Fruchtkörper ist 5 bis 10 cm hoch und 3 bis 6 cm breit. Die Oberhaut ist mit kleinen Stacheln besetzt; sie ist anfangs weiß, später gelblich bis bräunlich. Das Fleisch ist anfangs schneeweiß, später gelblich, danach grünlich bis bräunlich und löst sich dann in Sporen auf, die durch eine Öffnung oben am Fruchtkörper bei leichtestem Druck die Hülle verlassen. Der Pilz ist in der Jugend ein guter Speisepilz mit mildem Geschmack, der allerdings lange genug gekocht werden sollte, um den etwas strengen Geruch zu verlieren.

Der Flaschenstäubling wächst auf Wiesen und Weiden und in lichten Wäldern, auch unter Unterholz. Meist wächst er gesellig und ist von Mai bis November zu finden.

Da er Stellen bevorzugt, an denen keine Humusschicht den Boden bedeckt, kann er sich im Hausgarten unter Straucherrabatten, wenn das herabgefallene

Laub entfernt wurde, gut entwickeln. Wenn er auch nicht sehr ergiebig ist, so ist er doch ein eigenartiger und interessanter Pilz, der vom Frühjahr bis zum Herbst kleine Beigaben zu den Mahlzeiten liefern kann.

Der **Riesenbovist** *(Langermannia gigantea)* besitzt stiellose, kugelförmige Fruchtkörper mit glatter Außenhaut, die bis zu 50 cm Durchmesser erreichen können. Junge Fruchtkörper sind weiß und sehr schmackhaft. Sehr gut schmekken sie in Scheiben geschnitten, paniert und gebraten. Ältere Boviste sind ungenießbar, färben sich olivbraun und sind im Innern mit Sporenstaub gefüllt.

Man findet den Riesenbovist meist einzeln, bisweilen auch zu mehreren auf Ödland, Magerwiesen, Weiden und in Gärten. Die Erntezeit reicht von Juli bis Oktober.

Anbauversuche werden derzeit durchgeführt, Maßnahmen zur Wachstumsförderung mit Phytohormonen verliefen positiv.

Der Riesenbovist enthält tumorhemmende Substanzen (Wirkstoff Calvacin).

Becherpilze

Das **Eselsohr** *(Otidea onotica)* ist ein kleiner Pilz von 3 bis 5 cm Höhe. Der orangegelbe Fruchtkörper ist 3 bis 6 cm breit, einseitig ohrartig verlängert und an einer Stelle bis zum Grunde eingeschnitten. Das dünne Fleisch ist wachsartig und zerbrechlich. Der gute Speisepilz ist aufgrund seines dünnen Fleisches wenig ergiebig.

Das Eselsohr kommt häufig im Laubwald und dort unter Buchen vor, wo es den von ihm bevorzugten milden Waldhumus vorfindet. Im Nadelwald ist es weniger oft anzutreffen, da es besonders auf kalkreichem, lehmigem Humusboden auftritt, während es die leicht versauernde Nadelstreu meidet. Die Erntezeit reicht vom Sommer bis zum Herbst. Wenn man die ausgewachsenen Fruchtkörper in einen warmen Raum bringt, sieht man, wie diese aufgrund der Erwärmung kleine Sporenwolken ausschleudern.

An schattigen, humusreichen Stellen, an denen der Boden ständig feucht ist, gedeiht das Eselsohr besonders nach stärkeren Regenfällen.

Der **Hasenohrbecherling** *(Otidea leporina)* ist etwas kleiner als das Eselsohr und hat ledergelbe bis braune Fruchtkörper von 2 bis 5 cm Höhe und 2 bis 5 cm Breite, die ohrförmig und geschlitzt sind. Das Fleisch ist dünn, wachsartig und zerbrechlich, der Geruch ist angenehm, der Geschmack mild. Der wohlschmeckende kleine Pilz ist wenig ergiebig.

Der Hasenohrbecherling wächst meist büschelig bis rasenartig auf Nadel- und Laubhumus, zum Teil auch auf vermorschendem Holz, eher in Nadelwäldern als im Laubwald. Die Erntezeit reicht vom Sommer bis zum Herbst.

Wie das Eselsohr gedeiht er an schattigen, humusreichen Plätzen, an denen der Erdboden ständig durchfeuchtet ist, besonders nach Regenfällen.

Eine prächtig gefärbte Becherlingsart ist der **Orangerote Schüsselpilz** *(Peziza aurantia* syn. *Aleuria aurantia)*, auch Orangebecherling genannt. Der 3 bis 10 cm breite, schüsselförmige Fruchtkörper ist leuchtend orangerot gefärbt mit blasser Außenseite. Der Stiel ist 1 bis 3 cm lang. Das dünne, wachsartige Fleisch ist sehr zart und zerbrechlich,

Orange-Becherling auf einem nassen Weg.

der Geschmack ist mild, der Geruch sehr schwach. Die Erntezeit dauert von Sommer bis Herbst.

Die gesellig auftretenden, hübschen Pilze erscheinen oft in großer Zahl in Wäldern, besonders auf lehmigen, feuchten Waldwegen, an neu angelegten Waldstraßen und auf Rodungen. Auch auf Waldwiesen und Weiden sind sie nicht selten anzutreffen.

Im Garten können an halbschattigen Wegrändern im Moos oder Ziergras diese bunten Pilzchen, die teils wie Schüsselchen, teils wie kleine Teller dem Boden aufliegen, durch ihre schöne Färbung erfreuen. Kleine Gruppen sollten immer zusammenstehen, damit sich im Garten ein nicht zu kleiner Farbfleck zeigt. Auch im Obstgarten läßt sich unter den Bäumen, vor allem am Weg entlang und auf kieshaltigem, lehmigem Boden, der kahle Untergrund farbig beleben, wenn genügend Feuchtigkeit vorhanden ist.

Dieser kleine, wohlschmeckende Pilz bringt zwar keine großen Erträge, erfreut aber dafür durch seine Farbwirkung und zierliche Form.

Die **Speisemorchel** *(Morchella esculenta)*, auch Rundmorchel, ist ein mittelgroßer Speisepilz mit einem ockerfarbenen bis graubraunen Fruchtkörper von 3 bis 8 cm Durchmesser und 5 bis 12 cm Höhe. Der Hut hat kugelartige bis kegelförmige Gestalt und ist auf der Außenseite wabenartig aufgeteilt. Der knorpelige Stiel wird bis 8 cm hoch. Das Fleisch dieses begehrten Speisepilzes ist weiß, zart und brüchig. Es hat kräftigen, aromatischen Geschmack und duftet eigentümlich würzig. Die Morchel gilt als Delikateßpilz, kann vielseitig verwendet und auch als Würzpilz getrocknet und zu Pilzpulver vermahlen werden. Bei reichlichen Mahlzeiten von Rundmorcheln sind schon leichte Schwindelzustände vorgekommen. Man sollte daher die Morcheln zunächst mit kochendem Wasser übergießen und dieses nach etwa 5 Minuten wieder entfernen, ehe mit der Zubereitung begonnen wird, um Beschwerden zu vermeiden.

Wenn die Bäume zu grünen beginnen, erscheinen nach dem ersten warmen Regen die Morcheln und haben bald ihre volle Größe erreicht. Sie wachsen am liebsten auf krümeligen, kalkhaltigen, humosen oder lehmigen Böden. In Auwäldern unter Pappeln, Ulmen, Weiden und vor allem unter Eschen sind sie besonders häufig zu finden. Auch in kleinen Eschenwäldchen ist mit ihnen zu rechnen, da diese Pilze den aus Eschenlaub entstandenen Humus anscheinend lieben. Für das Wachstum sind lockere Grasnarbe und wenig Fallaub von Vorteil. Auch in Gebüschen von Parkanlagen, an Gartenwegen von Obstanlagen, unter Haselnußhecken und an Grabenböschungen sind Morcheln zu finden. Oft kann man sie jahrelang an den gleichen Stellen entdecken.

Im eigenen Garten können sie am besten unter Strächergruppen und Hecken gedeihen, wo man eine Bodenverbesserung durch Kalkung, Torfzusatz und Zugabe von Eschen- oder Pappellaub vorgenommen hat. In gut gekalkten Obstanlagen, die in einer Grasnarbe stehen, könnte man einen Ausgangspunkt unter den Baumreihen durch Humusanreicherung des Bodens und Einbringen von Myzel schaffen.

Da es sich um eine der am frühesten im Jahr erscheinenden Pilzarten handelt, die zudem vorzüglich schmeckt, wäre ihre Anwesenheit im Garten wünschenswert, auch wenn vor der Zubereitung ein Überbrühen angeraten werden muß.

Die etwas kleinere **Graue Speisemorchel** *(Morchella vulgaris)*, deren Hut eiförmig ist und die Ähnlichkeit mit der Spitzmorchel hat, kommt ebenfalls auf humusreichem Boden im Halbschatten und in Gärten vor. Sie bringt noch etwas früher (April bis Juni) als die Speisemorchel ihre Fruchtkörper. Man sollte daher den Versuch machen, sie im Garten heimisch werden zu lassen.

Ein mittelgroßer Pilz ist die **Spitzmorchel** *(Morchella conica)* mit graubraunen bis olivbraunen Fruchtkörpern. Der zugespitzte Hut ist kegelförmig bis eiförmig und hat außen wabenartige Kammerung. Er ist 3 bis 5 cm breit und 5 bis 10 cm hoch und sitzt auf einem gelblichen, 2 bis 6 cm hohen Stiel. Das wachsartige, zerbrechliche Fleisch ist sehr wohlschmeckend, der Geruch angenehm würzig. Der Pilz eignet sich zum Dörren und zur Herstellung eines ausgezeichneten Pilzpulvers.

An Waldrändern und Waldwegen sowie auf Waldwiesen in Nadelwäldern, in der Nähe von Farnen und in Auwäldern, an Bachufern und feuchten Wiesen kommt die Spitzmorchel vor; sie liebt auch Kahlschläge und Brandflächen. Die Erntezeit beginnt im März bis April und endet meist im Mai.

Im Hausgarten kann sie auf leicht beschatteten Rasenflächen und angrenzendem Buschwerk sowie unter Fichtenhecken gedeihen. Sie liebt Sandböden, die aber nicht sauer sein sollen, ausreichend Feuchtigkeit und etwas Sonne.

Obwohl weniger ertragreich als die Rundmorchel, ist die Spitzmorchel doch aus geschmacklichen Gründen vorzuziehen. Sie ist ein delikater Frühjahrspilz.

Trüffelpilze

Zu den echten Trüffeln gehört die mittelgroße **Perigord-Trüffel** *(Tuber melanosporum)* mit einem 3 bis 8 cm großen, rotbraunen bis schwarzen Fruchtkörper, der innen zunächst fast weiß, später rötlichschwarz gefärbt ist. Der besonders in Frankreich sehr geschätzte Gewürzpilz hat ein vorzügliches Aroma. Ernte von September bis zum Winter.

Die Fruchtkörper findet man in Laubwäldern in der Nähe von Buchen und vor allem bei Eichen, mit denen die Pilze in Symbiose leben; sie lieben kalkreiche Böden. Die Fruchtkörper wachsen 10 bis 20 cm unter der Oberfläche und sind daher nur schwer zu finden. Zur Suche werden Hunde und Schweine dressiert. Da es bisher nicht gelang, die Trüffel zu kultivieren, ist heute eine Halbkultur gebräuchlich. Der Trüffelpilz lebt vor allem in Lebensgemeinschaft mit Eichen und Haselnußsträuchern und kann nur da Fruchtkörper bilden, wo die geeigneten Partner wachsen. In Frankreich werden daher junge Eichen mit Trüffel-Mykorrhiza beimpft und an die Trüffelanbauer verkauft, die sie an geeigneten Plätzen anpflanzen, um dort später die wertvollen Pilze zu ernten (auch beimpfte Haselnußpflanzen sind im Handel).

Es ist also möglich, beimpfte Eichen- oder Haselnußpflanzen zu kaufen und im Garten zu pflanzen. Die meisten Eichenarten sind allerdings starkwüchsig (eine Ausnahme ist *Quercus ilex*), so daß der Garten groß genug sein muß.

Nur kleine Fruchtkörper bildet die **Wintertrüffel** *(Tuber brumale)*. Die Fruchtkörper haben 1 bis 5 cm Durchmesser, sind rundlich, warzig und außen rotbraun, später schwarz, innen erst weißlich, später braun gefärbt. Der Geruch ist zur Reifezeit stark aromatisch. Der vorzügliche Gewürzpilz kann in Scheiben geschnitten und getrocknet gut gelagert werden.

Diese Trüffelart, die man an den Wurzeln von Laubbäumen findet, hauptsächlich unter Eichen und Buchen, mit denen sie in Symbiose lebt, wird von September bis in den Winter hinein geerntet.

Für die Kultur im Garten wird man die Sommertrüffel vorziehen, da sie größere Fruchtkörper bringt und es bei den üblichen Gartengrößen schwierig ist, Eichen unterzubringen, die viel Platz benötigen.

Die **Sommertrüffel** *(Tuber aestivum)* hat mittelgroße, 3 bis 10 cm breite Fruchtkörper. Diese sind kugel- bis nierenförmig, grobwarzig und außen schwarz, innen zunächst hellbraun und später braun marmoriert. Die Entwicklung der Fruchtkörper beginnt im zeitigen Frühjahr bei Einsetzen warmer Witterung und dauert 5 bis 6 Monate bis zum Erntebeginn im Spätsommer. Die volle Reife erreichen sie meist erst im September. Geruch ist bei zu früher Ernte kaum vorhanden, bei Reife würzig aromatisch. Die Trüffel kann, getrocknet und in Scheiben geschnitten, lange in Schraubgläsern aufbewahrt und als Gewürz zu Braten und Soßen verwendet werden.

Diese Trüffelart ist an Kalkboden gebunden. Man findet sie in reinen Eichen-

und Buchenwäldern und in lichtem Mischwald, nicht aber im Unterholz und in Waldungen mit stark grasigem oder verunkrautetem Boden. Sie meidet starke Beschattung und stehende Feuchtigkeit, sie liebt lockeren Boden, fette Erde und flachwachsende Baumwurzeln und liegt dort auch höchstens 10 cm tief im Boden.

Bei dieser auch in Deutschland und Österreich heimischen Trüffel werden nicht wie in Frankreich Halbkulturen durchgeführt. Es ist aber möglich, hier genauso Jungbäume mit dem Myzel zu beimpfen und in Gartenanlagen zu pflanzen, um auch diesen ausgezeichneten Würzpilz im eigenen Garten ernten zu können. Einzelnstehende Buchen, besonders Hängebuchen, Buchengruppen und Hainbuchenhecken, die auf kalkreichem, gut mit Nährstoffen versorgtem Boden stehen, dürften sich hierfür eignen.

Die **Weiße Trüffel** *(Choiromyces maeandriformis)* gehört zu den Edeltrüffeln. Der mit 6 bis 10 cm Durchmesser etwa faustgroße Fruchtkörper ist weißlich, später bräunlich gefärbt und ähnelt einer Kartoffelknolle. Er ist anfangs außen glatt und wird später rissig. Das kernige Fleisch ist zunächst weißlich, dann bräunlich. Es ist in der Jugend geruchlos und riecht bei der Reife stark aromatisch. Es handelt sich um einen besonders wertvollen Würzpilz, den man sowohl in Streifen schneiden und braten kann wie als Beilage zu Fleisch und zu Gemüse, Soßen und Suppen verwenden.

Diese Trüffel wächst in Fichtenbeständen, auch jüngeren Stangenwäldern, im Mischwald und in Buchenwäldern. Im allgemeinen bevorzugt sie leichtere, lehmige, kalkhaltige Böden. Unter der Erde wächst sie heran und ragt in ausgewachsenem Zustand etwas aus dem Boden hervor, so daß sie wesentlich leichter zu finden ist als die echten Trüffeln. Die Fruchtkörper reifen vom Sommer bis zum Frühherbst heran.

Für den Hausgarten müßte sich diese Art besser eignen als die tief im Boden liegenden Arten, deren Fruchtkörper nur schwer zu finden sind. Auch hier wäre die Beimpfung von Jungbäumen mit Trüffelmyzel die beste Lösung. Am günstigsten wäre wohl ein Standort unter Fichtengruppen oder Fichtenhecken, die kalkhaltigen, lehmigen Sand als Untergrund haben, wo sie zur Reifezeit die Nadelstreu durchbrechen und vom aufmerksamen Gartenliebhaber entdeckt werden können.

Diese Trüffelart ist aufgrund ihres ausgezeichneten Aromas eine der wertvollsten Hypogäen (unterirdisch lebende Pilze) und verdient einen besonders günstigen Platz im Garten.

Holzbewohnende Pilze

Lamellenpilze

Eine Pilzart, die auf abgestorbenem Holz saprophytisch lebt, ist der **Austernseitling** *(Pleurotus ostreatus)*. Die mittelgroßen bis großen muschelförmigen Fruchtkörper treten in unterschiedlichen Farben auf, weißlich bis ockergelb, grau bis graubraun und dunkelbraun. Der meist seitlich am Stamm angewachsene Hut hat 5 bis 15 cm Breite und besitzt weißliche bis hellgraue Lamellen. Der kurze, weißliche Stiel ist 1 bis 3 cm dick und 2 bis 4 cm lang. Das weiße Fleisch ist bei jungen Fruchtkörpern, deren Außenrand noch nach unten gewölbt ist, weich, bei alten Stücken und den Stielen manchmal zäh und holzig. Der Geruch ist angenehm aromatisch, der Geschmack mild. Haupterntezeit ist bei den heimischen Typen Oktober bis Dezember. In milden Wintern können bis zum März noch einzelne Pilze geerntet werden. Erntezeit des Florida-Typs (Sommerseitling) sind die Sommer- und Herbstmonate.

An gefällten oder abgestorbenen Baumstämmen und an Stubben sitzen die Seitlinge oft mehrschichtig, dachziegelähnlich übereinander am Stamm. Besonders häufig findet man sie an Rotbuchen; sie gedeihen aber auch an zahlreichen anderen Laubbäumen.

Im Hausgarten gedeiht dieser Pilz im Ziergarten an senkrecht aufgestellten kurzen Stammstücken oder liegenden langen Stämmen, die zwischen den Gehölzen einen Platz finden, zum Schmuck und zur Ernte im Herbst und Winter. Im Obstgarten können in Reihen aufgestellte Klötze unter den Hochstämmen oder in den Buschobstreihen für eine einträgliche Pilz-Unterkultur dienen. Die Anbaumethoden sind verhältnismäßig einfach und von jedermann zu erlernen. Der Austernseitling stellt wohl den in Deutschland zur Zeit am meisten in Gärten kultivierten Pilz dar (siehe »Die Kultur der wichtigsten Speisepilze«).

Eine weitere Seitlingsart ist der mittelgroße bis große **Ulmenseitling** *(Pleurotus ulmarius* syn. *Lyophyllum ulmarium).* Der Hut ist blaßolivgrau bis ockerweißlich mit blaßgelblichen Lamellen. Er hat einen Durchmesser von 8 bis 20 cm und einen blaßgelben Stiel von 6 bis 18 cm Höhe und 2 bis 3 cm Dicke. Das weiße Fleisch ist fest, das Stielfleisch verfärbt sich auf Druck leicht blaugrau. Der Geruch ist angenehm, hefeartig, der Geschmack mild.

Von September bis November sind die Fruchtkörper dieses Pilzes an abgestor-

Ulmenseitlinge an einem Stammstück.

Rillstieliger Seitling im Obstgarten.

benen Stämmen, Ästen und Stubben von Laubbäumen, vor allem von Ulmen, zu finden. Waldgebiete mit hoher Luftfeuchtigkeit, besonders Lagen in Fluß- bzw. Bachnähe und Parkanlagen, sind Fundorte für den Ulmenseitling.

Im Hausgarten sind für ihn die gleichen Plätze geeignet wie für den Austernseitling. Wegen seiner Größe sollte man ihn im Ziergarten, wo er auch dekorativ wirken soll, bevorzugt an dort aufgestellten Stammstücken kultivieren. Durch eine Kombination von Austern- und Ulmenseitling an demselben Stamm oder Stubben kann man das Bild noch beleben (siehe »Die Kultur der wichtigsten Speisepilze«).

Ebenso wie der Austern- und der Ulmenseitling läßt sich auch der mittelgroße **Rillstielige Seitling** *(Pleurotus cornucopiae)* kultivieren, der einen cremeweißen bis blaßockerfarbenen Hut mit weißen, gelblichen oder rosa Lamellen besitzt. Sein Geschmack ist angenehm. Er wächst in Büscheln an Laubholz (z. B. an Eiche und Buche). Leuchtendgelbe und rötliche Typen dieser Art, z. B. der *Tamogi-Take* aus Japan, können mit ihren schönen Farbtönen die im Halbschatten liegenden Teile des Wohngartens beleben.

Taubenblauer Seitling *(Pleurotus columbinus)* heißt eine mittelgroße Seitlingsart, deren Hut graublau leuchtet. Die Lamellen sind blaßbläulich.

Im Gegensatz zu den vorgenannten Seitlingsarten wächst er vorwiegend an Nadelholz.

Im Garten wirkt er durch seine schöne Farbe und kann daher gut im Ziergarten, eventuell kombiniert mit gelblichen und braunen Arten, verwendet werden. Da in manchen Gegenden Nadelholz eher zur Verfügung steht als Laubholz, ist so auch dort die Möglichkeit gegeben, Seitlinge anzubauen. Im übrigen gelten die gleichen Kulturanweisungen wie für die anderen Seitlingsarten.

Eine Art mit kleinen Fruchtkörpern ist der **Orangeseitling** *(Pleurotus nidulans* syn. *Phyllotopsis nidulans)* mit etwa 6 cm großen, orangegelben, Hüten und orangefarbenen Lamellen. Er fruchtet von September bis Dezember. Das Fleisch ist orangegelb und etwas zäh, weshalb nur die Verwendung als Mischpilz zu empfehlen ist. Der Geruch ist aromatisch, der Geschmack mild.

Die kleinen Pilze sitzen meist dachziegelartig an abgestorbenem, morschem Laub- und Nadelholz, vor allem auf Buchen- und Kiefernstümpfen.

Im Garten wird man den Orangeseitling nur im Ziergarten einsetzen, da er geschmacklich nicht besonders wertvoll ist und sich andere Arten für die Kultur im Nutzgarten besser eignen. Da er aber eine auffallende Färbung besitzt, sollte man ihn zur Zierde verwenden.

Der **Lungenseitling** *(Pleurotus pulmonarius)* mit seinen leicht übereinander sitzenden Fruchtkörpern hat sehr kurze, seitlich ansitzende Stiele. Die Erntezeit dauert von August bis November. Der Pilz wächst einzeln oder in Büscheln an abgestorbenen Laubbäumen. Die oft einzeln stehenden Fruchtkörper erfordern mehr Erntezeit als die des Austernseitlings, da sie kleiner sind. Im Handel ist Brut von Zuchtsorten zu erhalten.

Neben den heimischen Arten werden auch **Seitlinge**, die aus Amerika und Asien stammen, kultiviert, z. B. *Pleurotus sajor-caju, P. sapidus, P. eous, P. abalone* u. a.

Von den im Handel erhältlichen, neu gezüchteten **Kultursorten** sind sporenlose und sporenarme Sorten aus gesundheitlichen Gründen (Allergien) von Bedeutung, u. a. beim Anbau in geschlossenen Räumen. Brut dieser Neuzüchtungen ist im Handel zu erhalten. Die Kultur wird in der gleichen Art durchgeführt wie bei den meisten Seitlingsarten.

Der **Kräuterseitling** *(Pleurotus eryngii* syn. *P. fuscus)* wird meist auf

Pleurotus sajor-caju auf Holzstubben.

Stroh kultiviert, wie viele holzbewohnende Seitlingsarten, daher ist er hier am besten einzuordnen.

Der Hut ist 5 bis 10 cm groß, flach trichterförmig, am Rande umgeschlagen, weißlich bis bräunlich gefärbt. Der Stiel ist schwach exzentrisch, von gelblichweißer Farbe. Die Lamellen sind herablaufend, bräunlichweiß, die Sporen weiß. Die Fruchtkörper werden von Juni bis Oktober gebildet. Der Geschmack ist angenehm aromatisch.

Der Pilz wächst auf den Wurzeln und absterbendem Laub von Doldengewächsen, z. B. Bärenklau *(Heracleum)* und Mannstreu *(Eryngium)*. Man findet ihn vor allem im Bergland auf Bergwiesen und an Straßenrändern; er liebt warmes Klima. Fruchtkörper bildet er bei Temperaturen unter 18 °C.

In Italien wird dieser Pilz auf etwa 10 cm hohen Substratkuchen aus stark zerkleinertem, mit Brut vermischtem Strohhäcksel, die etwas in den Boden eingesenkt sind, angebaut. Das Substrat wird etwa 1 cm hoch mit Erde bedeckt.

Ein kleiner Holzbewohner ist das **Stockschwämmchen** *(Kuehneromyces mutabilis* syn. *Pholiota mutabilis)* mit seinen honiggelben bis gelbbraunen Fruchtkörpern von 3 bis 8 cm Durchmesser, die blaßbräunliche Lamellen besitzen. Der blaßbraune ziemlich dünne Stiel ist 4 bis 7 cm hoch. Das mehr oder weniger dünne Fleisch ist blaßgelblich und etwas wäßrig. Der Geruch ist stark aromatisch, der Geschmack mild und angenehm würzig. Die Zubereitungsmöglichkeiten sind vielseitig. Als Suppenpilz eignet sich das Stockschwämmchen wegen seines angenehmen Aromas ausgezeichnet. Bis auf sehr dünnfleischige Exemplare kann man es gut braten oder als Würzpilz für Mischpilzgerichte verwenden. Auch zum Einfrieren, Einkochen und Trocknen ist der Pilz geeignet. Da er zumeist in großen Mengen gleichzeitig auftritt, ist er trotz seiner geringen Größe sehr ergiebig. Sorten mit dicken Stielen und wesentlich größeren Hüten wurden bereits angebaut.

Das Stockschwämmchen ist einer der häufigsten Holzbewohner und siedelt sich besonders gern auf Stümpfen von Buchen und anderen Laubbäumen an. Auf Nadelholz gedeiht es weniger gut; allerdings gibt es Typen, die auch dort recht gute Erträge bringen. An Bachläufen kommt das Stockschwämmchen vor allem auf Stubben von Pappeln und Erlen vor. Es wächst meist dichtgedrängt und in großen Büscheln. Die Erntezeit reicht von Mai bis Dezember, jedoch fruchtet das Stockschwämmchen besonders von Mai bis Juni und im Herbst.

Im Wohngarten braucht der Pilz schattige, feuchte Plätze, die nur kurz der Sonne ausgesetzt sind, da das Holz, auf dem er wächst, nicht austrocknen darf. Ein tieferes Eingraben der Hölzer in mit Torf angereichertem Boden ist daher zu empfehlen, wobei es gleichgül-

Oben links: Speisetäubling.
Oben rechts: Nelkenschwindling.
Unten links: Violetter Ritterling.
Unten rechts: Parasol.

tig ist, ob die Hölzer senkrecht bis zur Hälfte eingegraben oder halb flach in den Boden eingelegt werden. Je besser die Hölzer gegen Verdunstung geschützt sind, um so höher wird der Ertrag.

Für Ertragsanlagen im Nutzgarten eignen sich schattige Plätze unter dem Hochstammobst. Am besten hebt man einen etwa 30 cm tiefen, 20 cm breiten Graben aus, stellt alle 20 bis 30 cm ein beimpftes Holz senkrecht auf und füllt dann etwa 15 cm hoch mit Torf verbesserte Gartenerde ein. So kann von unten immer reichlich Feuchtigkeit an den Stamm und im oberen Teil ist Schatten und Windschutz von den Grabenwänden gegeben. Für die Beimpfung der Hölzer mit Pilzmyzel beschafft man sich im Frühjahr Stämme von 10 bis 20 cm Durchmesser und schneidet sie auf 45 cm Länge. Besonders gut eignet sich Buchenholz. Von den Hölzern schneidet man eine etwa 5 cm dicke Scheibe ab und bringt auf die Schnittfläche Pilzbrut oder -paste. Sodann wird die Scheibe mit einem Nagel wieder befestigt. Die Hölzer stellt man in einer Erdgrube oder flachen Miete dicht an dicht auf, bedeckt Grube oder Miete mit einer Folie und legt Bretter oder Zweige zur Beschattung darüber. Nach 2 bis 3 Monaten, wenn das Myzel gut angewachsen ist, werden die Hölzer herausgenommen und im Obstgarten in Gräben oder im Wohngarten an schattigen, feuchten Stellen zu einem Drittel bis zur Hälfte im Boden eingegraben. Im Herbst ist mit der ersten Ernte zu rechnen.

Es können auch feuchte Holzabfälle, mit Brut vermischt, in Plastiksäcken warm aufgestellt werden, bis alles vom Myzel durchwachsen ist. Dann können auf kleinen Gartenwiesen, an schattigen Plätzen, Rasensoden ausgestochen und darunter der Boden 20 cm tief ausgehoben werden. In die Vertiefung kommen die vom Myzel durchwachsenen Holzabfälle und darüber wieder die Rasensoden. An diesen so präparierten Stellen können sich im Gras Büschel von Stockschwämmchen bilden.

Es gibt bereits verschiedene Typen von Zuchtstämmen, die entweder besonders stark im Frühjahr, im Sommer oder im Herbst Fruchtkörper bringen. Wenn man jeweils einen Teil seiner Pilzhölzer mit einem dieser Typen beimpft, so kann man auch zu den verschiedenen Jahreszeiten Erträge erzielen.

Diesen schon seit Jahrzehnten kultivierten Pilz mit einem vorzüglichen Aroma sollte man in keinem Hausgarten fehlen lassen, auch wenn er nur kleine Fruchtkörper hervorbringt.

Der japanische Pilz **Nameko** *(Pholiota nameko)* ist ein Verwandter des Stockschwämmchens mit einem größeren Hut (5 bis 10 cm Durchmesser) und einem wesentlich dickeren Stiel. Der Hut ist beim Typ Nameko 1 orangefarben, bei Nameko 2 braun, der Stiel ist heller. Je größer sich die Fruchtkörper entwickeln, um so heller (gelblicher) wird ihr Farbton. Bei Typ 1 kann mit der

Oben: Stockschwämmchen auf Holzscheiben.
Unten: Stockschwämmchen zwischen Moospolstern und Efeu.

Ernte im August und September, bei Typ 2 im Oktober und November gerechnet werden. Die Hüte glänzen stark, da sie von einer klebrigen Schicht überzogen sind. Diese Schicht besteht zu 74,2 % aus Zuckern, die sich zu 47,9 % aus Galakturonsäure und zu 6,5 % aus Xylan zusammensetzen und geringe Bestandteile Xylose, Galaktose und Arabinose enthalten. Gegen Infektionen mit unkonventionellen Viren und zur Auflösung von Blutgerinnseln werden zur Zeit Polysaccharide erprobt; vielleicht sollte auch der Nameko-Pilz in die Versuche aufgenommen werden. Der Nameko steht in seiner Beliebtheit hinter dem Shii-Take in Japan an zweiter Stelle; dort werden am liebsten ganz junge, etwa kirschgroße Fruchtkörper mit geschlossenem Hut (1 bis 2 cm Durchmesser) gegessen. Kleine Pilze werden in Sojasauce serviert, für europäischen Geschmack könnte man Meerrettich- oder Sahnesauce verwenden. Große Pilze werden zerschnitten und als Suppe gegessen. Der Nameko ist schmackhaft, wenn er auch nicht ein so ausgezeichnetes Aroma besitzt wie das Stockschwämmchen. Der Anbau erfolgt auf Stammstücken wie beim Stockschwämmchen oder auf Sägespänen.

Der **Samtfußrübling** *(Collybia velutipes* syn. *Flammulina velutipes)*, auch Winterrübling oder Winterpilz, hat einen meist honiggelb bis braun gefärbten, in der Hutmitte dunkleren Fruchtkörper von 2 bis 8 cm Durchmesser. Die Lamellen sind blaßgelb. Der ziemlich dünne, blaßgelbe bis dunkelbraune Stiel ist 4 bis 10 cm hoch. Das dünne zarte Fleisch ist weißlich bis blaß gelblich gefärbt, der Geschmack mild säuerlich, der Geruch schwach. Die Fruchtkörper erscheinen von Oktober bis April, bei milder Witterung mitten im Winter. Der wohlschmeckende Suppenpilz eignet sich auch zum Trocknen und Einfrieren.

Wenn die ersten Fröste die meisten Pilze abgetötet haben, beginnt die Zeit der Samtfußrüblinge. Kürzere Frostperioden schädigen sie nicht, und wenn sie auch steinhart gefroren sind, so können sie bei nachfolgendem mildem Wetter wieder weiterwachsen. Besonders bei Tauwetter wachsen wieder neue Pilzbüschel heran und können sogar in gefrorenem Zustand bis zum März geerntet werden.

Sie wachsen an Baumstümpfen und toten Stämmen in Laub-, selten in Nadelwäldern, besonders aber im Auwald, in der Nähe von Parkanlagen und an Alleebäumen. An Eschen wachsen sie oft noch oben an den Stämmen. Auch in Hausgärten sind sie an abgestorbenem Holz zu finden.

Um diesen Winterpilz im Hausgarten heimisch zu machen, bieten sich verschiedene Möglichkeiten an. Im Ziergarten können an möglichst schattigen Stellen alte Baumstümpfe beim Roden belassen oder nachträglich im Boden halb eingegraben werden. Schon zu Beginn des 20. Jahrhunderts wurden diese Rüblinge durch Bestreichen alten Holzes mit den reifen, schleimigen Hüten in Gärten angesiedelt und gute Erträge erzielt. Man kann auch an Schattenstellen beimpfte Stammstücke – wie beim Stockschwämmchen – senkrecht oder liegend halb im Boden eingraben und den Winter hindurch beernten. Als Ertragskultur können die Stämme – wie beim Austernseitling – im Schatten des Obstgartens in Reihen aufgestellt werden. Im Hausgarten sollte man die beimpften Hölzer nicht zu dicht bei Eschen und im Wirtschaftsgarten nicht zu nahe an den Obstbäumen aufstellen, obwohl ein Übergreifen auf die Bäume kaum zu befürchten ist. Die Fruchtkörper wird man möglichst jung ernten, um die Verbreitung durch Sporenflug zu verhindern. Kulturen auf Sägespänen, Holzwolle, Laub und ähnlichen Substraten wird man besser im Keller oder auf dem Fensterbrett durchführen. Die Kultur des Samtfußrüblings, von dem bereits Brut mehrerer Stämme im Handel ist, sollte in keinem Garten fehlen, da Winterernte möglich ist.

Eine weitere Rüblingsart ist der **Holzrübling** *(Collybia platyphylla* syn. *Tricholomopsis platyphylla* syn. *Oudemansiella platyphylla)* oder Breitblättriger Samtrübling. Sein 5 bis 12 cm breiter Hut ist graubraun gefärbt und hat weiße bis gelbliche Lamellen. Der weißliche Stiel ist 7 bis 10 cm hoch und 1 bis 2 cm stark.

Dieser Pilz kommt meist einzeln an morschen Laub- oder Nadelholzstubben vor. Er bringt Fruchtkörper im Sommer und Herbst.

Der **Waldfreundrübling** *(Collybia dryophila)* gehört zur selben Familie. Es ist ein kleiner Pilz mit braunem Hut von 3 bis 6 cm Durchmesser und gelblichen Lamellen. Der hellbraune, 0,5 cm dicke Stiel ist 4 bis 6 cm hoch. Das Fleisch ist gelbbraun, blaß und etwas wäßrig. Der Geschmack ist mild, der Geruch aromatisch. Jung geerntet ist der Waldfreundrübling ein guter Suppenpilz.

Ein holzbewohnender Pilz ist der **Rauchblättrige Schwefelkopf** *(Nematoloma capnoides* syn. *Hypholoma capnoides)*. Er hat einen blaßgelben bis bräunlichen, 2 bis 7 cm breiten Hut mit gelblichen Lamellen, die bei Reife der schwarzbraunen Sporen dunkel aussehen. Der unten braune, oben gelbliche Stiel ist 5 bis 10 cm hoch. Das feste Fleisch ist weißlich gefärbt, hat schwachen Geruch und schmeckt angenehm mild. Die Stiele werden nicht verwendet. Da der Pilz von August bis November und in milden Wintern sogar bis Februar Fruchtkörper bildet, kann man von ihm bisweilen auch ein frisches winterliches Pilzgericht erwarten. Oft erscheint er auch im Vorfrühling in dichten Büscheln auf Baumstümpfen.

Dieser Schwefelkopf wächst an Baumstümpfen und abgestorbenem Holz von Nadelholzarten; er bevorzugt Fichtenstümpfe. Das Myzel wuchert im Holz, das weiße Fadengeflecht wird bisweilen zwischen Splintholz und Borke sichtbar. Da die Fruchtkörper meist büschelig und in großer Zahl erscheinen, kann die Ernte recht ergiebig sein.

Dieser Pilz bringt viele Monate Erträge, auch in der kalten Jahreszeit, so daß er für den Hausgarten interessant ist. Schon vor 30 Jahren wurde hiervon Brut hergestellt. Auch jetzt ist wieder Brut im Handel und kann von Liebhabern erworben werden. Im Hausgarten wird der Pilz, wie die anderen holzbewohnenden Arten, unter lichten Baumgruppen auf senkrecht eingesenkten Stammstücken kultiviert. Im Obstgarten kann er neben Austernseitling und Samtfußrübling stehen. Während die meisten Holzbewohner Laubholz bevorzugen, wächst dieser Schwefelkopf auf Fichtenholz, das in manchen Gebieten in größerem Umfang zur Verfügung steht.

Der schmackhafte Speisepilz, der so manche Erntepause bei anderen Pilzarten ausgleichen kann, wird für den Anbau im Hausgarten empfohlen.

Eine weitere Ackerlingsart ist der **Südliche Schüppling** *(Agrocybe aegerita)*, auch Pappel-Agrocybe genannt, ein kleiner bis mittelgroßer Pilz mit 5 bis 7 cm breiten, gelblichbraunen Hüten. Der 1 cm dicke Stiel ist 6 bis 8 cm hoch.

Der Südliche Schüppling wächst in Büscheln auf abgestorbenem Pappelholz. In Südeuropa, vor allem in Süditalien, wird er auf Pappelholz angebaut. Kulturversuche für den Erwerbsanbau wurden in Holland durchgeführt.

Im Hausgarten könnte man diesen Pilz wie andere holzbewohnende Pilze auf Stammstücken kultivieren. Interessanter wäre wahrscheinlich eine Kultur auf Beeten zwischen den Buschobstreihen. Man würde im Frühjahr den Boden in 80 cm Breite etwa 20 cm tief ausheben, ein Gemisch von drei Viertel Pappelsägespänen mit einem Viertel Gerstenspreu, das gut mit Wasser (60 bis 65 %) durchfeuchtet ist, hineinbringen, mit Myzel spicken und mit einer Folie abdecken. Wenn das Substrat durchsponnen ist, müßte man die Folie abnehmen und stattdessen eine dünne Schicht Sand aufbringen, um eine zu schnelle Austrocknung zu verhüten.

Shii-Take *(Lentinus edodes)* heißt ein in Ostasien in großem Maße kultivierter mittelgroßer Pilz. Im Seiryoki (1564), das als ältestes landwirtschaftliches Buch in Japan anerkannt ist, wird unter dem Untertitel »Gemüse der Jahreszeiten« der Shii-Take als August-Delikatesse verzeichnet.

Der hell- bis dunkelbraune Hut ist 5 bis 10 cm breit und hat gelblich weiße, später bräunliche Lamellen. Zum Teil ist die Oberfläche der Hüte durch große, weiße, rißartige Vertiefungen gefeldert oder mit zottigen Schuppen bedeckt. Der 1 bis 1,5 cm dicke Stiel ist 3 bis 5 cm hoch und hat weißliche bis bräunliche Farbe. Das Fleisch ist weiß, im Stiel bräunlich. Es ist fest, riecht aromatisch und hat einen würzigen Geschmack. Die Fruchtkörper sollten jung, spätestens mit Beginn des Sporenfalls, geerntet werden. Sie werden für Suppen, Soßen und Pasteten verwendet und auch roh gegessen. Beim Trocknen soll sich das Aroma noch verbessern. Die Pilze haben einen für unsere Ernährung wichtigen Basenüberschuß, sind reich an Vitaminen und enthalten cholesterolabbauende Stoffe. In Japan werden sie daher als lebensverlängernd angesehen.

Sie wachsen in lichten Waldungen auf abgestorbenem Holz verschiedener Laubholzarten, insbesondere Eichen, Hainbuchen, Birken und Edelkastanien und bilden Fruchtkörper im Frühling (mit Beginn der Pflaumenblüte) und im Herbst. Bereits seit Jahrhunderten wird der Shii-Take in Ostasien kultiviert, vor allem in Japan, Korea, Taiwan und auf dem chinesischen Festland. Ursprünglich wurden etwa 10 cm starke Stammstücke und Knüppelholz von Laubbäumen auf Längen von 1 bis 1,5 m geschnitten, Sporen darübergestreut und diese mit der Axt in das Holz eingehackt. Das Holz wurde dann übereinandergelegt, mit Zweigen bedeckt und darüber Erde geworfen, um ein schnelles Myzelwachstum durch hohe Luftfeuchtigkeit, hohen CO_2-Gehalt und Wärme zu erreichen. Die vom Myzel durchwachsenen Hölzer wurden einige Monate später im lichten Laubwald aufgestellt und brachten 1 bis 2 Jahre nach der Impfung die ersten Erträge. 4 bis 6 Jahre hindurch wurden sie dann zweimal jährlich abgeerntet. Vorteilhaft ist für das Pilzwachstum Luftfeuchtigkeit von 70 bis 80 % und zur Fruchtkörperbildung 10 bis 15 °C.

Anstelle der Sporenbeimpfung wird auch vom Myzel durchsponnenes Holz gemeinsam mit unbeimpftem Holz über- bzw. nebeneinander gestapelt und mit Zweigen und Erde bedeckt. Es bleibt dort, bis alles Holz mit Pilzfäden durchwachsen ist.

Seitdem in Japan Pilzbrut hergestellt wird, arbeitet man meist mit der Keilmethode. Man beimpft kleine Holzkeile mit Myzel und schlägt diese, wenn sie durchsponnen sind, mit dem Hammer in entsprechende Löcher, die man mit der Bohrmaschine in die Rundhölzer gebohrt hat. Diese können nun wieder zum Durchwachsen in eine Miete gebracht oder im Wald bei hoher Luftfeuchtigkeit und Temperaturen über 20 °C geschützt aufgestellt werden. Nach einer ähnlichen Keilmethode wurden schon 1908 in Deutschland Shii-Take kultiviert. Neben der Kultur auf Holz werden auch Pilze bei Temperaturen von 25 °C auf Substanzen aus Sägemehl und Reiskleie, die mit Sojabohnenextrakt angereichert sind, angebaut. Zur Verbesserung der Fruchtkörperbildung werden den Komposten verschiedene Bakterienkulturen zugesetzt.

In Japan gibt es bereits mehrere Sorten (Tempaku-Donko, Nami-Donko, Jö-Donko, Hana-Donko, Koko, Nami-Koshin, Jö-Koshin) dieses Pilzes, die jeweils zu bestimmten Jahreszeiten Fruchtkörper bilden, so daß es möglich ist, den größten Teil des Jahres über zu ernten.

Im Hausgarten wird der Shii-Take in gleicher Weise angebaut wie das Stockschwämmchen und der Austernseitling. Im Wirtschaftsgarten unter Obsthochstämmen können beimpfte Stammstücke in Reihen aufgestellt werden, in den Ziergarten bringen sie, im Schatten unter Baumgruppen aufgestellt, einen Hauch von Ostasien. Größere Stämme können nach der Keilmethode (am besten durch Heraussägen von dreieckigen Teilstücken, die nach dem Impfen wieder eingesetzt und bis zum Verwachsen mit einer Folie umwickelt werden) beimpft und im Schatten in Gruppen aufgestellt oder auf den Boden gelegt werden.

Dieser asiatische Pilz mit all seinen wertvollen Eigenschaften sollte im Hausgarten einen guten Platz erhalten.

Rehbrauner Dachpilz *(Pluteus cervinus)* heißt ein mittelgroßer Lamellenpilz mit braunem Hut von 4 bis 10 cm Durchmesser. Die weißen Lamellen färben sich durch die roten Sporen später rötlich. Der helle Stiel ist dunkel gefasert, etwa 1 cm dick und 6 bis 8 cm hoch. Das weiße Fleisch hat einen milden Geschmack und riecht etwas rettichartig. Die Fruchtkörper erscheinen vom Frühling bis in den November. Da der Pilz nicht besonders wohlschmeckend ist, wird er nur als Mischpilz verwendet.

Dieser Pilz wächst meist an Laubholzstubben, kommt aber auch an Nadelholz vor. Hier findet man allerdings mehr den dunkelbraunen, etwas größeren Schwarzschneidigen Dachpilz *(Pluteus atromarginatus)*. Die zunächst glokkenartigen, später dachförmigen Hüte des Rehbraunen Dachpilzes erscheinen einzeln oder in kleinen Gruppen.

Im Hausgarten kann er auf Stammstücken oder auf Sägemehl kultiviert werden. Unter Sträuchern und im Baumpilz-Ziergarten wird man ihn auf Baumstubben oder zwischen Stammstücken auf einer Schicht Sägemehl ansiedeln.

Obwohl dieser Pilz geschmacklich nicht als wertvoll bezeichnet werden kann, dürfte seine Kultur wegen der langen Erntezeit auch im Garten nützlich sein.

Porenpilze

Von den Porlingen ist der **Schuppige Schwarzfußporling** *(Polyporus squamosus* syn. *Melanopus squamosus)* für uns interessant. Der bis 50 cm breite Hut ist ockergelb mit braunen Schuppen und besitzt blaßgelbliche Poren. Der weißliche, abwärts schwarze Stiel ist 3 bis 6 cm dick und 4 bis 8 cm hoch. Das Fleisch ist weich und bei jungen Pilzen eßbar, der Geruch ist mehlartig, süßlich, der Geschmack herb.

An Laubholzstubben und -stämmen findet man diesen Pilz gesellig und oft dachziegelartig wachsend von April bis November. Im Hausgarten wird er sich an etwas sonnigen Plätzen auf Baumstümpfen, die im Rasen stehen, recht wohl fühlen. Auch wenn auf den Stümpfen eine Blumenschale steht, können die darunter herausschauenden, dachziegelartig angeordneten Fruchtkörper eine prächtige Untermalung sein. In erster Linie wird er dekorativ wirken und bringt zusätzlich auch noch bisweilen eine Mahlzeit. Er sollte aber nur da stehen, wo er keinen Kontakt mit lebenden Bäumen hat.

Zu den Porlingen gehört auch der **Schwefelporling** *(Laetiporus sulfureus)*, ein großer Pilz mit konsolenartig übereinandersitzenden, schwefel- bis orangegelben Fruchtkörpern, die keinen Stiel haben, 2 bis 8 cm dick und 10 bis 30 cm breit sind. Die Poren leuchten schwefelgelb. Das zunächst gelbliche, später weiße Fleisch ist jung zart und saftig, später faserig und hart. Der Geruch ist leicht säuerlich, der Geschmack mild, im Alter bitter. Das Kochwasser sollte man abgießen, um einen milderen Geschmack zu erzielen.

Dieser Porling lebt an Laubholzstämmen und abgestorbenem Holz. Häufig findet man ihn an Weiden, Kirsch- und Birnbäumen, bisweilen tritt er auch an Lärchen und Fichten auf. Oft bildet er große Rasen von Fruchtkörpern im Frühling und im Sommer.

Durch seine prächtige Färbung wirkt der Pilz sehr dekorativ. Wenn man ihn im Hausgarten auf stehengebliebenen oder eingesetzten Baumstümpfen in der Rasenfläche ansiedelt, so sollte reichlich Abstand zu lebenden Bäumen gehalten werden. Im Jugendstadium kann er eine schmackhafte Mahlzeit bringen.

Der **Glänzende Lackporling** *(Ganoderma lucidum)* besitzt einen bis zu 25 cm breiten, rundlichen oder nierenförmigen Hut mit seitlich ansitzendem, manchmal bis 25 cm hohem, wie gedrechselt aussehendem Stiel. Der Hut ist orangerot bis ockerbraun, bisweilen auch fuchsrot oder fast schwarz. Er sieht wie glänzend lackiert aus. Der Rand ist weißlich oder gelblich, die Unterseite weiß bis hellbräunlich. Die Fruchtkörper sind einjährig, kehren oft mehrere Jahre hintereinander am selben Holz wieder.

Der Pilz wächst oft auf mit Gras bewachsenen Bulten im Sumpf am Fuß abgestorbener Laubbäume (Eiche, Buche, Birke) und auf Baumstümpfen; aber auch auf hochliegenden Wurzeln am

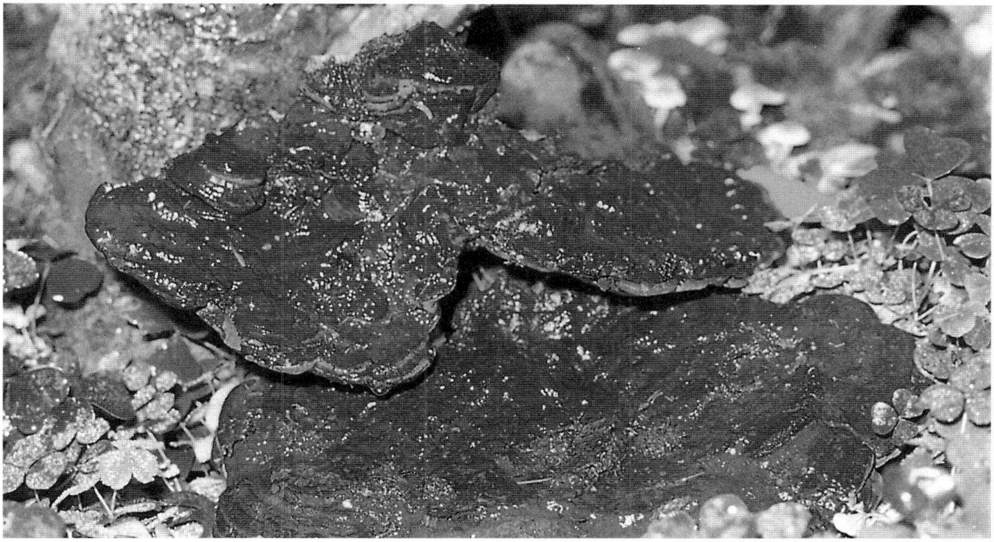

Glänzender Lackporling.

Waldrand kommt er vor. Der **Walliser Lackporling** *(Ganoderma valesiacum)* ist eine Form, die besonders auf Lärchen und anderen Nadelbäumen wächst.

In Asien gibt es eine japanische (Mannen-Take) und eine chinesische Form.

Der Glänzende Lackporling ist ein sehr dekorativer Pilz, der wegen seiner bizarren Form, seiner wie lackiert aussehenden Oberfläche und seiner Heilwirkung in Asien seit dem Altertum sehr geschätzt und auf Hölzern angebaut wird. In China und in Japan verwendet man ihn in der Medizin gegen Tumorbildung und zur Stärkung der Immunkraft.

Keulenpilze

Die **Krause Glucke** *(Sparassis crispa)*, auch Blumenkohlpilz, gehört zur Familie der Keulenpilze. Sie hat einen blumenkohlartigen, kugelförmigen (Gestalt einer brütenden Glucke) Fruchtkörper von 15 bis 40 cm Breite. Sie ist gelblich gefärbt und hat weißes Fleisch, das wachsartig, zerbrechlich ist. Der junge Pilz ist wohlschmeckend, hat würzigen Geruch und nußartigen Geschmack. Alte, nasse Pilze sind bitter und rufen Verdauungsbeschwerden hervor. Vor der Zubereitung muß die Krause Glucke gründlich gewaschen werden. Besonders gut schmeckt sie, wenn sie in Scheiben geschnitten und anschließend paniert und gebraten wird.

Am Grunde von Nadelbäumen, besonders im Kiefernwald am Fuße älterer Bäume und auch auf Baumstümpfen, bringt dieser meist einzeln stehende Pilz von August bis Oktober seine Fruchtkörper. Im Laubwald findet man die Eichenglucke.

Im Garten könnte man die Krause Glucke auf Kiefernstümpfen ansiedeln. Ein einzelner Pilz reicht oft schon für eine ganze Familie. Schon vor 30 Jahren war Brut von diesem Pilz zum Anbau auf Nadelholz im Handel.

Zu den Keulenpilzen gehört auch die **Orangegelbe Puppenkernkeule** *(Cordyceps militaris)*. Ihr Fruchtkörper ist 4 bis 10 cm hoch, keulenförmig gestielt und 5 bis 10 cm dick. Der dünnere, untere Teil ist gelblich, der obere dickere Teil orangegelb bis orangerot. Der Stielteil ist glatt, die obere fertile Zone ist von Fruchtbechern, sporenbildenden Kerngehäusen (Perithecien), die aus dem Fruchtkörper höckerig vorstehen, bedeckt. Sie enthalten schmale Schläuche (Asci) mit den Sporen. Der Pilz durchzieht mit seinem Myzel tierische Organismen, Puppen oder Raupen von Nachtschmetterlingen. Früher nahm man an, es handele sich um eine Vereinigung von Pflanzen und Tieren und bezeichnete sie als »Tierpflanzen«. Fruchtkörper werden von Juli bis Oktober gebildet.

Roter Gallertpilz im Halbschatten.

Verwandte Arten sind die auf Larven des Schwimmkäfers lebende »Graue Kernkeule« *(Cordyceps cinereus)* und die auf toten Wespen auftretende »Wespenkernkeule« *(Cordyceps sphacocephala)*. Auch in Japan gibt es mehrere dieser Kernkeulenarten (Ari-Take, Mimikaki-Take, Umemurasemi-Take, Sanagi-Take). Am bekanntesten aber ist die in China vorkommende Art Tongchung-hsia-tsao *(Cordyceps sinensis)*, die auf Insektenpuppen und Raupen zu finden ist. In China werden die Pilze mit Raupen bzw. Puppen gesammelt und in Büscheln verkauft. Sie gelten als besonders kostspielige, wohlschmeckende Beilage zu Schweinebraten und zur Füllung von Enten. Besonders geschätzt wird aber dieser Pilz wegen seiner Wirkung als Arzneimittel. Man schreibt den aus dem Pilz gewonnenen Substanzen immunologische Wirkung, Interferoninduktion und vor allem antihepatoxische Wirkung zu.

Da dieser seltene Pilz sehr teuer ist und die Kultivierung große Schwierigkeiten bereitet, versucht man in China, einen Pilz in Kultur zu nehmen, der ähnliche Wirkungen hat, *Phytocordyceps ninchukispora*.

Gallertpilze

Aus der Familie der Ohrlappenpilze wird das **Judasohr** *(Auricularia auricula-judae* syn. *Auricularia sambucina)*, meist Holunderschwamm genannt, in Asien vielfach kultiviert. In Deutschland wurde das Judasohr früher zu medizinischen Zwecken gesammelt. Der kleine Fruchtkörper ist ohr- bis muschelartig geformt und meist stiellos am Holz angewachsen. Er ist braun gefärbt mit heller Innenseite. In Ostasien gilt der Pilz als Leckerbissen und wird aus diesem Grunde auch bei uns in japanischen und chinesischen Restaurants angeboten. Das Fleisch ist gallertartig, geruchlos und von mildem Geschmack.

Das Judasohr wächst meist gesellig das ganze Jahr hindurch an Laubholz, besonders an Holunder, kommt aber nicht häufig vor.

Ein Anbau wäre ähnlich wie beim Samtfußrübling auf Stammstücken von Holunderbäumen möglich. Kultiviert wurde dieser Pilz auch schon auf einem Substrat aus faulem Holz und Rinde, Moos und etwas Kalksteinmehl. In Indien wurde *Auricularia* mit Erfolg auf Weizenstroh mit Zusatz von Reiskleie angebaut.

Für Liebhaber asiatischer Küche könnte der Anbau vom Judasohr und einigen verwandten, in Asien angebauten Arten interessant sein.

Zur Familie der Gallertpilze (Tremellales) gehört auch die Art **Roter Gallertpilz** *(Guepinia helvelloides* syn. *Guepinia rufa* syn. *Gyrocephalus rufus* syn. *Phlogiotis helvelloides* syn. *Tremella helvelloides)*, auch Rotbrauner Gallertpilz, Rötlicher Gallert-Trichter und Malchusohr genannt.

Die Fruchtkörper sind 3 bis 10 cm hoch, ohrförmig oder trichterförmig mit seitlicher tiefer Spalte, orangerot, rotbraun oder dunkelrot. Das Fleisch ist gallertig bis knorpelig, der Geschmack mild. Der Pilz wird meist als Salatpilz mit Essig, Öl und Kräutern verwendet.

Man findet den Gallertpilz vor allem in Wäldern an feuchten, humusreichen Stellen meist gesellig oder in Büscheln wachsend auch an Waldwegen und Gräben auf dem Erdboden und an faulendem Holz.

Im Garten kann er im Schatten unter Bäumen und Sträuchern an einem feuchten Platz gedeihen, an dem der Boden mit reichlich Humus, Laub und modrigen Holzstücken angereichert ist. Dieser Salatpilz bringt nicht nur in den Salat, sondern auch in den Garten Farbe.

Vorkommen in der Natur

Die Tabelle soll zeigen, wo die für den Anbau im Garten brauchbaren Pilzarten in der Natur vorkommen (H = auf Holz wachsend).

Vorkommen im Nadelwald	
Schafchampignon	Maronenröhrling
Waldchampignon	Körnchenröhrling
Dünner Anisegerling	Orangegelber Rauhfuß
Riesenchampignon	Semmelstoppelpilz
Grünling	Hasenohr
Rötender Schirmling	Spitzmorchel
Nebelgrauer Trichterling	Weiße Trüffel
Wintertrichterling	Taubenblauer Seitling (H)
Knoblauchschwindling	Orangeseitling (H)
Speisetäubling	Samtfußrübling (H)

Horngrauer Rübling	Holzrübling (H)
Pfifferling	Waldfreundrübling
Fichtensteinpilz	Rauchblättriger Schwefelkopf (H)
Kiefernsteinpilz	Krause Glucke (H)
Goldröhrling	

Vorkommen in Laubwald, Gebüsch, Parkanlagen

Schafchampignon	Hasenohr
Dünner Anisegerling	Speisemorchel
Violetter Ritterling	Spitzmorchel
Mairitterling	Perigordtrüffel
Lilastiel	Wintertrüffel
Parasol	Sommertrüffel
Nebelgrauer Trichterling	Weiße Trüffel
Wintertrichterling	Austernseitling (H)
Speisetäubling	Ulmenseitling (H)
Horngrauer Rübling	Rillstieliger Seitling (H)
Frühlingsackerling	Orangeseitling (H)
Pfifferling	Stockschwämmchen (H)
Eichensteinpilz	Samtfußrübling (H)
Rötender Schirmling	Holzrübling (H)
Birkenröhrling	Waldfreundrübling
Orangegelber Rauhfuß	Südlicher Schüppling (H)
Rotkappe	Shii-Take (H)
Hainbuchenröhrling	Schwarzfußporling (H)
Semmelstoppelpilz	Schwefelporling (H)
Flaschenstäubling	Eichenglucke (H)
Eselsohr	Judasohr (H)

Vorkommen an Waldrändern, Waldwegen, Waldwiesen, Lichtungen

Schafchampignon	Speisetäubling
Waldchampignon	Frühlingsackerling
Grünspanträuschling	Fichtensteinpilz
Violetter Ritterling	Eichensteinpilz
Mairitterling	Goldröhrling
Parasol	Körnchenröhrling
Rötender Schirmling	Flaschenstäubling
Mönchskopf	Orangeroter Becherling
Nelkenschwindling	Spitzmorchel
Knoblauchschwindling	Roter Gallertpilz

Vorkommen auf Wiesen, Weiden, Rasen, Grasplätzen, Wegrändern, Böschungen	
Kulturchampignon	Mönchskopf
Stadtchampignon	Schopftintling
Schafchampignon	Nelkenschwindling
Wiesenchampignon	Frühlingsackerling
Grünspanträuschling	Orangeroter Becherling
Mairitterling	Speisemorchel
Lilastiel	Spitzmorchel
Kräuterseitling	

Vorkommen im Garten	
Kulturchampignon	Schopftintling
Stadtchampignon	Frühlingsackerling
Wiesenchampignon	Speisemorchel
Riesenträuschling	Austernseitling (H)
Grünspanträuschling	Samtfußrübling (H)
Lilastiel	Schwarzfußporling (H)
Parasol	Schwefelporling (H)
Rötender Schirmling	Judasohr (H)

Anbaumöglichkeiten im Hausgarten

Nutzgarten

Der Gartenfreund nimmt oft an, daß sich lediglich der Champignon kultivieren läßt und nur in dunklen Räumen angebaut werden kann, während alle sonstigen Speisepilze in Wald und Feld gesammelt werden müssen. Dabei kann man mit vielen anderen Speisepilzen gerade die Plätze im Garten nutzen, die für andere Kulturen wegen mangelnder Lichtverhältnisse nicht brauchbar sind. An schattigen und halbschattigen Stellen gedeihen Pilze meist besonders gut.

Anbau im Obstgarten

So bietet sich der Obstgarten für eine Unterkultur durch Pilzanbau geradezu an. Halbstämme und Hochstämme sorgen dafür, daß unter ihnen wachsende Pilze nicht durch starke Sonnenbestrahlung austrocknen und daß der Boden eine gleichmäßige Feuchtigkeit hält, wenn in größeren Trockenperioden durch Bewässerung dafür gesorgt wird, daß die Obstbäume dem Boden nicht alles Wasser entziehen. Je mehr Humus im Boden enthalten ist, um so weniger ist Wassermangel zu befürchten und um so wohler fühlen sich die Pilze. In meinem Garten brachten nicht nur die von mir angesiedelten Pilze gute Erträge, sondern bereits nach einem Jahr hatten sich ohne mein Zutun fünf weitere Speisepilzarten angesiedelt – ein sicheres Zeichen dafür, daß hier geeignete Bodenverhältnisse und das richtige Pilzklima die Pilze heimisch werden ließen.

Bei Buschobstanlagen wird man sich für den Pilzanbau auf den von den Bäumen beschatteten Streifen beschränken. Eine Grasnarbe schadet weder den auf Holz wachsenden Arten noch humusbewohnenden Pilzen, die in der Natur auf Wiesen und Weiden oder grasigen Wegen stehen.

Je mehr Arten angebaut werden, um so eher ist es möglich, den größten Teil des Jahres über Pilze zu ernten. Wenn eine Art wegen ungünstiger Witterungsverhältnisse in einem Jahr keinen Ertrag bringt, so kann eine andere diesen Ausfall oft wieder ausgleichen.

Unter Hoch- und Halbstämmen wird man in erster Linie auf Holz wachsende Arten anbauen. Hierzu werden Stammstücke von etwa 40 cm Länge mit dem Pilzmyzel beimpft und nach dem Durchwachsen im Garten aufgestellt. Die Stammstücke werden 10 bis 20 cm tief im Boden eingesenkt, damit reichlich Myzel in den Boden eindringen kann und im Holz und Myzel möglichst viel Wasser zur Ausbildung der Fruchtkörper in alle Holzteile geleitet wird. Die Stammstücke können in Reihen oder auch in Gruppen aufgestellt werden. Man rechnet etwa 4 bis 5 Stämme je Quadratmeter. Zwischen die Hölzer bringt man Torf oder verrotteten Dung als Bodenbedeckung. Häufig entstehen auch aus dem im Boden vorhandenen Myzel Fruchtkörper neben den Stammstücken, man sollte daher bei der Ernte auch darauf achten. Zum Wässern verwendet man Regner, die das Wasser nicht bis in die Baumkronen bringen, da die Lamellen bei starkem Tropfenfall leicht durch aufspritzende Bodenteilchen verschmutzt werden können. Häufige Lockerung und Durchlüftung des Bodens zwischen den Reihen erwies sich als günstig, da sich in dem lockeren Humus schnell neues Myzel bildet. Einzelne Unkräuter bringen keinen Schaden und liefern nach dem Lockern weiteres Humusmaterial.

Für diesen Anbau eignen sich mehrere Arten, die auch zu verschiedenen Jahreszeiten Erträge bringen. Besonders geeignet sind hier die wohlschmekkenden Stockschwämmchen, da sie zu verschiedenen Jahreszeiten Fruchtkörper bringen. Man sollte hierfür Zuchtstämme anbauen, die entweder im Frühjahr, im Sommer oder im Herbst ihre Haupternte bringen, um eine gleichmäßige Verteilung der Ernte zu ermöglichen.

Der gut auf Fichtenholz gedeihende Rauchblättrige Schwefelkopf, der schon im zeitigen Frühjahr in Büscheln auf dem Holz erscheint und noch eine zweite Ernte im Herbst bringt, ist ebenfalls für den Anbau zu empfehlen.

Eine Pilzart, die in Ostasien, besonders in Japan bevorzugt angebaut wird und viele geschmackliche und gesundheitliche Vorzüge besitzt, ist der Shii-Take. Er wird in Asien seit Jahrhunderten kultiviert und gedeiht auch in unserem Klima. Von dieser Pilzart gibt es verschiedene Sorten, die zu unterschiedlichen Jahreszeiten fruchten. Man sollte also auch hier Frühjahrs-, Sommer- und Herbstsorten anbauen, wie es in Japan üblich ist. Der Shii-Take läßt sich sehr gut trocknen und kann auf diese Art für die Winterzeit konserviert werden. Die Erträge liegen in Deutschland zwar noch erheblich unter den in Japan üblichen, da Sorten und Anbaumethoden erst unserem Klima besser angepaßt werden müssen; aber trotzdem sollte man auf diesen delikaten Pilz auch bei uns nicht verzichten.

Wie der Schwefelkopf kann die aromatische Krause Glucke, die im Sommer und Herbst Fruchtkörper bringt, auf Nadelholz gezogen werden. Hierfür verwendet man am besten Kiefernholz.

Der Anbau des Austernseitlings, der heute bereits als Kulturpilz im Handel zu erhalten ist, lohnt sich besonders, weil diese heimische Pilzart unseren Klimaverhältnissen angepaßt ist und hohe Erträge bringt. Man sollte Typen bevorzugen, die im nächstgelegenen Wald anzutreffen sind. Eine Auslese von Pilzstämmen, die besonders im Frühjahr fruchten, scheint ratsam, da die Haupternte im allgemeinen in die Monate Oktober bis November fällt. Farblich sind Fruchtkörper von hellbeige bis dunkelbraun vorhanden, Sporen und Lamellen sind weiß. Je nach Verwendungsart der Pilze wird man unterschiedliche Farben bevorzugen, z. B. zur Suppe helle und zu Wildragout braune Pilze. Neuerdings stehen Sommertypen zur Verfügung, die aus warmem Klima stammen. Sie bringen auch bei höheren Temperaturen prächtige, große Fruchtkörper, z. B. im Mai und Juni.

Neben dem Austernseitling kann der Taubenblaue Seitling angebaut werden, der auf Nadelholz wächst. Der Ulmenseitling, der große Fruchtkörper ausbildet, bevorzugt Ulmenholz, wie schon der Name sagt. Der Orangeseitling mit seinen orangefarbenen Lamellen kann sowohl auf Laub- wie auf Nadelholz kultiviert werden.

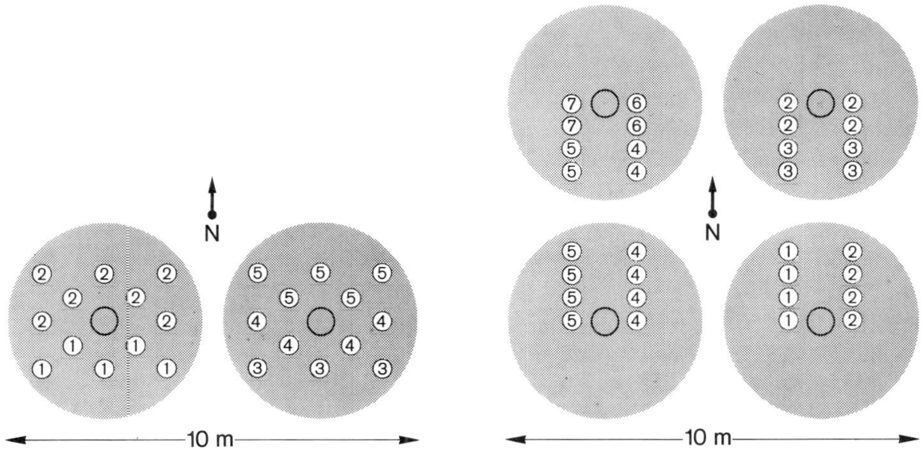

Pilze unter Obstbäumen. 1 = Austernseitling (Sommer), 2 = Austernseitling (Herbst), 3 = Samtfußrübling, 4 = Shii-Take, 5 = Stockschwämmchen, 6 = Rauchblättriger Schwefelkopf, 7 = Judasohr.

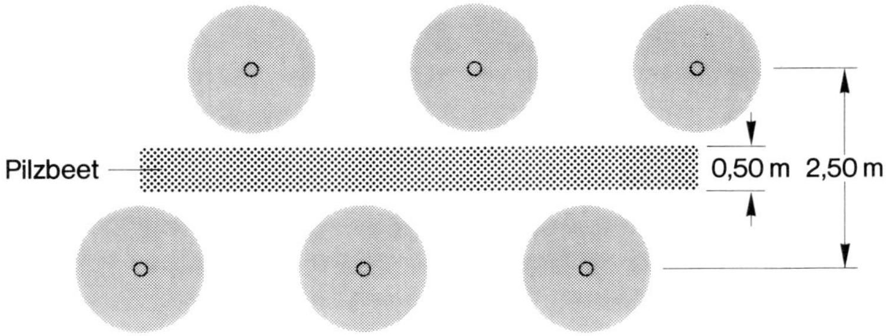

Pilze zwischen Buschobstreihen.

Für die Ernte im Winter eignet sich besonders der Samtfußrübling, der Temperaturen bis – 10 °C aushält. Er wächst bevorzugt auf Weide und Erle, aber auch auf Buchenholz. Meist bildet er verhältnismäßig kleine Fruchtkörper aus, weshalb man größere Kultursorten verwenden sollte, wie sie in letzter Zeit für den Erwerbsanbau gezüchtet wurden. Da er uns auch Ernten den ganzen Winter hindurch ermöglicht, sollte gerade dieser Pilz in unserem Garten nicht fehlen. Die beiden Abbildungen zeigen Beispiele, wie die einzelnen Arten in einem Garten, der für einen Vierpersonenhaushalt geplant ist, angeordnet werden könnten. Bei dieser Einteilung kann man mit einer über den größten Teil des Jahres verteilten Ernte rechnen.

Beim Anbau unter Buschbäumen wird man im allgemeinen nur eine Reihe Stammstücke von Baum zu Baum aufstellen, damit ausreichend Beschattung vorhanden ist. Hier könnten noch andere holzverzehrende Pilzarten herangezogen werden, z. B. der Holzrübling und der Südliche Schüppling. Wenn der Baumstreifen mit Gras bewachsen ist, wachsen dort auch Pilze, die auf Wiesen und Weiden zu finden sind.

In gut gekalkten Anlagen dürfte zwischen dem Gras die begehrte Speisemorchel gedeihen, die schon April bis Mai ihre Fruchtkörper ausbildet und der bald darauf der Mairitterling folgt.

Für die Ernte im Sommer kann der Nelkenschwindling angesiedelt werden, eine kleine Pilzart, die wegen des angenehm würzigen Aromas sehr geschätzt ist und vom Frühsommer bis zum Herbst geerntet wird.

Ab September bildet der Mönchskopf große, ockerfarbene Fruchtkörper, und im Oktober erscheint zwischen den Gräsern in prächtiger Färbung der mittelgroße Lilastiel.

Da der Boden zwischen den Baumreihen in größeren Obstanlagen meist regelmäßig bearbeitet wird, ist nur bei kleineren Hausgärten eine Unterkultur mit Pilzen zu empfehlen. Im Mittelstreifen zwischen den Bäumen wird dann eine etwa 10 cm tiefe Grube von 0,5 bis 1 m Breite ausgehoben. In diese Grube wird Stroh gebracht, gut durchfeuchtet und mit Brut vom Riesenträuschling bespickt. Nach dem Durchwachsen mit Myzel wird über das Stroh wieder Erde gebracht. Einige Wochen später kann mit der Ernte der ersten Fruchtkörper

Pilzanbau im Obstgarten	
Kulturchampignon	Beete zwischen den Buschobstreihen
Stadtchampignon	Beete zwischen den Buschobstreihen
Dünner Anisegerling	unter Brombeerspalieranlage
Riesenträuschling	unter Brombeerspalieranlage und Beete zwischen den Buschobstreihen
Mairitterling	Grasstreifen unter Buschobstreihen
Lilastiel	Grasstreifen unter Buschobstreihen
Mönchskopf	Grasstreifen unter Buschobstreihen
Nelkenschwindling	Grasstreifen unter Buschobstreihen
Krause Glucke	Grasstreifen unter Buschobstreihen auf Kiefernholz
Speisemorchel	Grasstreifen unter Buschobstreihen
Trüffel	unter Haselnußanlagen
Austernseitling	Stammstücke unter Halb- und Hochstämmen und Beete zwischen Buschobstreihen
Ulmenseitling	Stammstücke unter Halb- und Hochstämmen
Taubenblauer Seitling	Stammstücke unter Halb- und Hochstämmen
Samtfußrübling	Stammstücke unter Halb- und Hochstämmen
Rauchblättriger Schwefelkopf	Stammstücke unter Halb- und Hochstämmen
Südlicher Schüppling	Stammstücke unter Halb- und Hochstämmen
Shii-Take	Stammstücke unter Halb- und Hochstämmen
Judasohr	Stammstücke unter Halb- und Hochstämmen
Stockschwämmchen	Stammstücke unter Halb- und Hochstämmen
Orangeroter Becherling	an den Wegen unter Halb- und Hochstämmen

gerechnet werden. Sie zieht sich in einigen Erntewellen bis zum Spätherbst hin und bringt große, braune Pilze, die Ähnlichkeit mit Steinpilzen haben.

Wie im Gemüsegarten können auch Kulturchampignon und Stadtchampignon auf Beeten zwischen den Baumreihen kultiviert werden.

Dem Gartenbesitzer bieten sich noch zahlreiche weitere Möglichkeiten an und reizen zur Erprobung. So sah ich in Ungarn unter Obstbäumen Plastikbeutel liegen, die im Spätsommer mit einem Maissubstrat gefüllt und dann mit Seitlingsbrut beimpft waren. Nach dem Durchspinnen des Substrats mit Pilzmyzel wurden die Beutel aufgeschnitten und im Schatten der Bäume verteilt, wo sich später an den Öffnungen der Beutel zahlreiche, prächtige Fruchtkörper bildeten.

Unter den Beerenobstarten eignen sich die Brombeeren besonders als Schattenspender für Pilzkulturen, da sie meist an Spalieren gezogen werden und die Pflanzstellen weit voneinander entfernt sind, so daß genügend Raum für eine Unterkultur bleibt. Wenn man mit-

Austernseitlinge auf Stroh unter Buschobst.

ten unter dem Spalier einen schmalen Graben aushebt, ihn mit Stroh, das mit Träuschlingsmyzel durchwachsen ist, füllt und dann wieder etwas Erde darüber bringt, kann man nach einigen Wochen die ersten Pilze ernten. Wie der Träuschling könnte auch der Dünne Anisegerling unter den Brombeerreihen heimisch werden.

Anbau im Gemüsegarten

Die Kultur von Pilzen gestaltet sich im Gemüsegarten etwas schwieriger als im Obstgarten, da hier ein ständiger Schatten fehlt. Es können daher nur Pilzarten angebaut werden, die auch an ihren natürlichen Standorten der Sonneneinstrahlung ausgesetzt sind. Nach Möglichkeit sollte aber ein Platz ausgesucht werden, der recht lange von den benachbarten Gemüsepflanzen Schatten

Oben links: Goldgelber Tamogi-Take im Pilzgarten.
Oben rechts: Samtfußrüblinge im Herbst.
Unten: Schwarzfußporling.

erhält. Zwischen zwei Reihen Stangenbohnen oder Tomaten, die in Ost-West-Richtung gepflanzt sind, besteht, insbesondere mittags, Schutz gegen zu starke Austrocknung. Hier können als Zwischenkultur Pilze angebaut werden. Der Anbau erfolgt – wie zwischen den Baumreihen in der Buschobstanlage – durch Ausheben eines allerdings nur etwa 40 cm breiten und 10 cm tiefen Grabens, in dem Stroh oder alter Dung etwa 20 bis 30 cm hoch aufgesetzt werden. Das hoch aufgehäufte Substrat wird in mehreren Schichten eingebracht, festgetreten, gut angefeuchtet und mit einer durchsichtigen Folie überdeckt. Um ein Fortfliegen bei Wind zu verhüten, wird die Folie an den Rändern mit Erde oder Steinen beschwert. Nach einigen Tagen hat sich das Substrat erwärmt, und die Strohhalme werden weich. Dann wird die Folie nach einer Seite aufgeklappt und Pilzbrut in das Stroh bzw. den Dung eingemischt. Nach leichter Anfeuchtung wird das Substrat wieder zugedeckt. In der feuchten Wärme entwickelt sich von der Brut aus ein kräftiges, weißes Pilzmyzel und durchspinnt das ganze Substrat. Dann wird es Zeit, die Folie abzunehmen oder am Drahtbügel ein Stück hochzuschieben und eine Schicht humose Erde aufzubringen. Einige Wochen danach werden sich die ersten Fruchtkörper bilden. Bis in den Herbst hinein bringt der Pilz Ertrag. Als Regenschutz kann eine Folie über das Beet gespannt werden.

Oben: Shii-Take unter Rhododendron.
Unten: Erntefertige Nameko-Pilze.

Sommerseitlinge zwischen Tomatenreihen auf einem Beet im Gemüsegarten.

Geeignet für diesen Anbau ist der Riesenträuschling, der meist einen guten Ertrag bringt und etwas Sonne verträgt. Auch der Schopftintling ist auf diese Art zu kultivieren. Man kann ihn gut auf Champignonkompost oder Strohsubstrat anbauen (Seite 96 bis 100). Die Deckerde sollte nicht zu leicht sein. Nach der Ernte kann man die Fruchtkörper der Tintlinge nur kurze Zeit aufbewahren, da sie schnell unansehnlich werden. Diese Pilze vertragen viel Sonne.

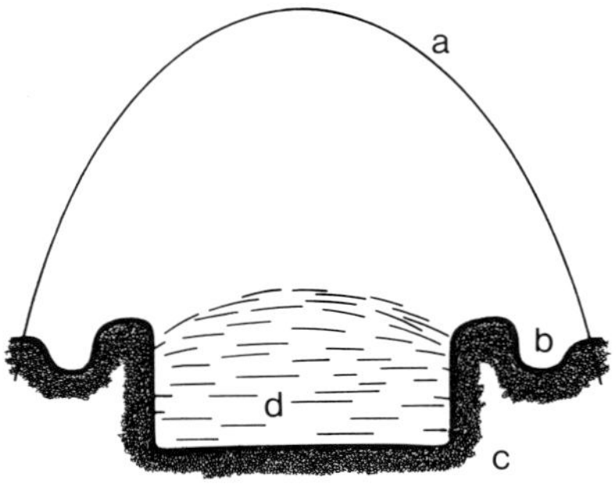

Pilz-Kulturbeet: a = Drahtbügel mit Folie, b = Graben, c = Boden, d = Strohsubstrat.

Schopftintlinge auf einem Beet im Gemüsegarten.

Zwischen den Stangenbohnen können wir noch eine andere Pilzanbaumethode anwenden. In Plastiksäcke von 50 cm Höhe oder kleine Torfsäcke füllen wir Stroh, das zuvor mit Wasser gesättigt und zur Abtötung von Krankheitskeimen 2 bis 3 Stunden lang gekocht wurde. Nach dem Abkühlen wird das Stroh mit Brut von Seitlingstypen beimpft, die auch bei höheren Temperaturen Fruchtkörper bilden, und bei 20 bis 25 °C dunkel aufgestellt, bis der Pilz das Substrat so dicht durchwachsen hat, daß ein fester Block daraus entstanden ist. Die Blöcke werden, nachdem man die Plastikumhüllung entfernt hat, im Keller kühl aufgestellt, bis Fruchtkörperanlagen entstehen, und dann in den Garten gebracht. Hier setzt man sie im Abstand von 50 cm in einer Reihe im Schatten der Stangenbohnen auf und senkt sie etwa 10 cm tief ein, damit vom feuchten Untergrund aus in den Blöcken Wasser bis in die oberste Schicht steigen kann. Die Bodenoberfläche sollte möglichst naß gehalten werden, damit eine hohe Luftfeuchtigkeit entsteht und sich die Fruchtkörper gut entwickeln können.

Man kann auch die Plastiksäcke vor dem Füllen mit Substrat im Abstand von 15 bis 20 cm mit etwa 1 cm großen Löchern versehen, und, nachdem sie mit Myzel durchwachsen sind, zwischen den Gemüsereihen aufstellen oder flach auf den Boden legen. Aus den Löchern heraus wachsen dann die Fruchtkörper. Durch die Plastikhaut wird die Verdunstung der Substratfeuchtigkeit stark vermindert, so daß nicht so häufig gewässert werden muß und die kleinen Fruchtkörper nicht so leicht eintrocknen.

Wo im Nutzgarten Spargel angebaut wird, ist meist eine Champignonkultur möglich. Auch hier sollten die Reihen in Ost-West-Richtung verlaufen, damit die gegen Sonnenstrahlen geschützte Nordseite der Dämme genutzt werden kann. Der Anbau ist erst nach Beendigung der Spargelernte, also etwa ab Ende Juni möglich. Auf der Nordseite der Dämme wird dann etwa 10 cm stark kompostierter Pferdedung aufgeschichtet und mit Pilzbrut beimpft. Nach etwa 3 Wochen hat das Pilzmyzel das Substrat durchwachsen und wird mit gut durchfeuchteter, humusreicher Erde etwa 4 cm hoch zugedeckt. Nach weiteren 3 bis 4 Wochen ist mit den ersten Fruchtkörpern zu rechnen. Der Boden muß immer gut angefeuchtet sein.

Für diesen Anbau kann der übliche Kulturchampignon verwendet werden, wenn man ausreichend Feuchtigkeit geben kann. Bei hohen Temperaturen werden keine Fruchtkörper gebildet. Man sollte daher lieber erst im August mit dem Anbau beginnen. Wesentlich unempfindlicher gegen Hitze und Trockenheit ist der Straßenchampignon, der Temperaturen von 30 °C verträgt. Er ist dem Kulturchampignon im Geschmack ebenbürtig.

An einer schattigen Stelle im Kräutergarten, vielleicht im Schutze der Liebstöckelstauden, kann der Knoblauchschwindling angebaut werden. Seinen Namen hat er nach seinem typischen Geschmack. Er wird besonders gern zu Hammelfleisch gegessen. Es handelt sich um einen sehr kleinen Pilz. Als Substrat eignet sich vermutlich eine Mischung von Nadelstreu, kleinen Zweigstücken und Sägespänen mit verrottetem Dung. Zugedeckt wird mit einer Schicht Humuserde, am besten aus einem Fichtenwald.

Pilze auf dem Kompostplatz

Auch der Kompostplatz sollte genutzt werden. Oft bepflanzt man ihn mit Kürbissen, die ihn beschatten, ihm aber auch viele Nährstoffe entziehen. Den Schatten gibt man besser durch eine Hecke, die gleichzeitig das Austrocknen durch den Wind verhindert und den Anblick der frischen Abfälle verdeckt. Den umgesetzten Kompost, der noch 1 bis 2 Jahre zur weiteren Verrottung lagert, kann man durch Pilzanbau nutzen. Pilzbrut wird in die obersten 10 cm eingebracht, leicht angedrückt und mit etwas Laub bedeckt.

Für diese Kultur eignet sich der Riesenschirmling oder Parasol, der leichten Halbschatten liebt, und der kleinere Rötende Schirmling, der eine größere Anzahl von Fruchtkörpern ausbildet. Diese wohlschmeckenden Arten fruchten oft auch in der warmen Jahreszeit, wenn andere Pilze kaum zu finden sind. Noch besser wächst auf Kompost der Schopftintling, der wildwachsend auf Straßenkehricht und alten Kompoststellen anzutreffen ist und nährstoffreiche Böden liebt.

Frühbeetnutzung mit Pilzkulturen

Nach der Frühbeetnutzung mit Kopfsalat, Kohlrabi, Radies, Rettich und Rübstiel werden die Frühbeetkästen meist mit Schlangengurken oder mit niedrigem Paprika bepflanzt. Oft werden die Fenster bereits nach der Frühkultur abgenommen und anschließend trocken gelagert. Eine Nutzung ist im Spätsommer und Herbst durch den Anbau von Pilzen möglich. Die Fenster werden dazu zum Schutz gegen die Sonnen-

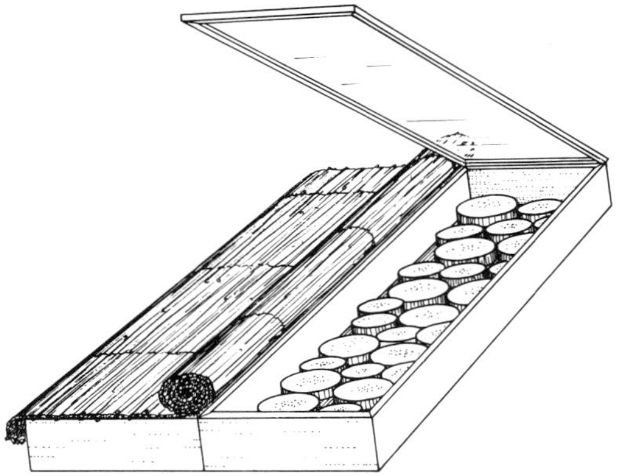

Mit Pilzen beimpfte Holzscheiben im Frühbeet.

Pilzanbau im Gemüsegarten (einschließlich Kompostplatz und Frühbeet)	
Kulturchampignon	Beete an Spargeldämmen, Hügelbeete zwischen Tomaten- und Stangenbohnenreihen
Stadtchampignon	Beete an Spargeldämmen, Hügelbeete zwischen Tomaten- und Stangenbohnenreihen
Riesenträuschling	Beete zwischen Tomaten- und Stangenbohnenreihen, Kultur auf Strohballen
Parasol	Kompostplatz
Rötender Schirmling	Kompostplatz
Schopftintling	Kompostplatz, Beete im Garten
Knoblauchschwindling	Kräutergarten
Austernseitling	Strohballen, Blöcke oder Plastiksäcke zwischen Stangenbohnenreihen (Strohsubstrat)
Stockschwämmchen	auf Holzscheiben im Frühbeetkasten
Shii-Take	auf Holzscheiben im Frühbeetkasten
Judasohr	auf Holzscheiben im Frühbeetkasten

wärme mit schwarzer Folie und Rohrmatten bedeckt. Im Kasten wird die Erde etwa 15 cm tief ausgehoben und kompostierter Pferdedung (siehe Seite 96 ff.) eingebracht. Der Dung erhitzt sich zunächst und wird nach Abkühlung auf 25 °C mit Champignonbrut gespickt. Nach dem Durchwachsen mit dem Pilzmyzel wird etwa 4 bis 5 cm humose Erde aufgebracht. Einige Wochen später beginnt die Fruchtkörperbildung.

Für die Ernte in der wärmeren Jahreszeit verwenden wir für diese Kultur den Straßenchampignon, der hohe Temperaturen verträgt. Für den Herbst eignet sich unser Kulturchampignon und hier besonders die aromatischen blonden und braunen Sorten. Auf diese Art wird der Boden für die Frühkulturen, die im nächsten Jahr wieder gepflanzt werden, reichlich mit Humus und Nährstoffen versorgt. Auch Träuschlinge können im Frühbeet auf Stroh kultiviert werden.

Gut eignen sich im Herbst die Frühbeete für den Anbau holzbewohnender Pilze, wenn man den Boden gut feucht hält und mit leichten Rohrmatten für Halbschatten sorgt. Man wird hier die 40 bis 50 cm langen Stammstücke nur verwenden können, wenn diese liegend etwa zur Hälfte im Boden eingelassen sind. Sonst eignen sich besser etwa 10 cm hohe Hölzer, die aus zwei zusammengenagelten Scheiben bestehen, zwischen die man Pilzbrut gebracht hat. Die untere Scheibe wird zur Hälfte in die Erde eingesenkt, so daß ausreichend Feuchtigkeit in das Holz eindringen kann. Im Frühbeet kann man leicht das von vielen Pilzarten gewünschte feuchte Klima im Halbschatten erzielen. Die humusreiche Frühbeeterde sorgt für eine gute Ernährung und üppiges Wachstum. Stockschwämmchen, Shii-Take und Judasohr werden sich durch gute Erträge dankbar zeigen.

Wohngarten

Der Wohn- oder Ziergarten soll uns in der warmen Jahreszeit Möglichkeiten zum Aufenthalt im Freien bieten, er soll schön sein mit seinen Blumen, blühenden Sträuchern und seinem gepflegten Rasen, aber er sollte uns auch ein Stückchen Wald und Wiese ersetzen. Lebende Pilze bringen uns ein Bild unberührten Waldes, stiller Heidelandschaft oder natürlicher Wiesen. Darum sollten wir auch zwischen den Bäumen und Sträuchern des Gartens und auf dem Rasen Pilze wachsen lassen. Geeignete Plätzchen hierfür gibt es auch im kleinsten Garten.

Unterpflanzung unter Ziergehölzen

In größeren Gartenanlagen werden auf den Rasenflächen als Solitärpflanzung *Einzelbäume* oder kleine Baumgruppen eingeordnet, um zu große Flächen aufzulockern. Hier macht es sich sehr malerisch, wenn unter den Bäumen Pilzarten wachsen, die sich ringartig von Jahr zu Jahr in immer größeren Kreisen ausdehnen. Von einem Zentrum aus wächst das Pilzmyzel strahlenförmig nach allen Seiten, und am Ende der Myzelzone werden die Fruchtkörper gebildet. Auch wenn keine Fruchtkörper zu sehen sind, zeichnen sich im Rasen deutlich in dunkler Färbung Ringe ab, die man als Hexenringe bezeichnet (vgl. Seite 17). Diese Pilzarten können auch unter lichtem Gehölz und Sträucherrabatten angesiedelt werden, wo die Ringbildung nicht so deutlich zu erkennen ist. Sonst muß man unter den Gehölzgruppen jeweils für die hierzu passenden Pilzarten sorgen. Dies gilt besonders für die Ansiedlung von den Pilzen, die mit bestimmten Baumarten in einer Lebensgemeinschaft (Symbiose, siehe Seite 117) wachsen. Auch hier bilden sich teilweise Ringe, die aber dadurch entstehen, daß das Pilzmyzel am stärksten an den Wurzelenden der Wirtsbäume ausgebildet ist und dort die Fruchtkörper gebildet werden. Die Zahl der Pilzarten, die unter einzeln stehenden Bäumen im Garten gut gedeihen könnten, ist nicht sehr groß, aber in den meisten Gärten ist gar kein Platz für große Bäume.

In größeren Anlagen wirken freistehende Kiefern äußerst dekorativ. Hier könnte unter den abgefallenen Kiefernnadeln der Grünling gedeihen und mit seinen grüngelben Hüten im Herbst die braune Unterlage beleben. Der prächtige Parasolpilz, der nicht an eine bestimmte Baumart gebunden ist, reckt seine bis zu 30 cm breiten Schirme über die Grasflächen empor und bietet einen ausgezeichneten Blickfang, wenn er nicht zu weit vom Gartenweg entfernt steht. Im Gegensatz hierzu ist der Goldröhrling an die Nähe von Lärchen gebunden, mit denen er in Symbiose lebt. Da Lärchen bei freiem Stand viel Raum benötigen, wäre die Ansiedlung dieser Röhrlingsart mit ihren leuchtenden, goldbraunen Hüten eher im leichten Schatten einer Hängelärche möglich. Unter einzeln stehenden Birken, zum Beispiel im Vorgarten, kann der Birkenröhrling gut gedeihen, wenn Halbschatten, humoser Boden und eine leichte Laubdecke vorhanden sind. Speisemorcheln wachsen besonders gut unter Eschen, so daß sie im Hausgarten, z. B. unter einer Hängeesche im Gras, heimisch werden könnten, wenn ein kalkreicher, gut mit Humus versorgter Boden zur Verfügung steht. Schwieriger ist die Ansiedlung von Trüffeln unter einzeln stehenden Bäumen, da die Fruchtkörper 10 bis 20 cm unter der Oberfläche an den Baumwurzeln gebildet werden. Man ist daher gezwungen, in der Erntezeit den Boden aufzugraben und dabei möglichst wenige Wurzeln zu beschädigen. Falls sich unter den Bäumen Rasen befindet, müßte vor der Ernte die oberste Schicht als Rasenplatte abgehoben und nach der Ernte wieder aufgelegt werden; auch hat man ja für die Suche keine abgerichteten Trüffel-Hunde oder -Schweine. Wegen all dieser Schwierigkeiten wird diese Kultur wohl auf größere parkartige Gärten beschränkt bleiben, wo z. B. unter einzeln stehenden Eichen, Blutbuchen, Hängebuchen oder Kiefern Trüffeln angesiedelt werden könnten.

Häufiger als einzelnstehende Bäume wird man im Garten *Baumgruppen* pflanzen. Hierzu kann man in Gruppen von drei und mehr Bäumen die Arten verwenden, die nicht starkwüchsig sind und möglichst weit zum Boden hin Äste haben. Unter den Baumgruppen ist meist Halbschatten vorhanden, und durch Herabfallen von Laub und Nadeln bildet sich eine für die Mehrzahl der Pilzarten erwünschte Humusschicht.

Pilze unter einzelnstehenden Bäumen	
Grünling	unter Kiefer
Goldröhrling	unter Lärche
Birkenröhrling	unter Birke
Sommertrüffel	unter Buche, Eiche, Hainbuche, Kiefer
Speisemorchel	unter Esche
Schafchampignon	unter Buche, Kastanie u. a.
Parasol	unter Ahorn, Linde, Magnolie u. a.

Hier können auch Moose, Farne, Heidelbeeren und Heidekraut angesiedelt und dem natürlichen Standort der Bäume entsprechende Pflanzengemeinschaften geschaffen werden. Wir müssen dann noch für die passenden Pilzarten sorgen. Für symbiontisch lebende Pilze wird man am besten bei der Pflanzung der Baumgruppen Jungbäume verwenden, die bereits an ihren Wurzeln mit der gewünschten Pilzart eine Lebensgemeinschaft eingegangen sind, da es meist schwierig oder sogar unmöglich sein wird, später noch eine Beimpfung vorzunehmen. Einige Pilzarten werden mit ihrem Myzel im Bereich des Halbschattens der Baumgruppen bleiben, während andere, die mehr Sonne vertragen, in angrenzenden Rasen hineinwachsen und dort in Trupps und Reihen ihre Fruchtkörper zu den verschiedenen Jahreszeiten zeigen oder sogar Halbkreise und Hexenringe bilden werden. So entsteht eine weitere Verflechtung zwischen Baumgruppen und Rasenflächen und bildet aus den Teilstücken ein organisches Ganzes. Nur in solchen Gruppenpflanzungen könnte es möglich sein, innerhalb des Hausgartens vielerlei Pilzarten heimisch zu machen.

Neben den Rasenflächen nehmen im Wohngarten die *Sträucherrabatten*, die oft mit Baumgruppen durchsetzt sind, einen großen Teil der verfügbaren Fläche ein. Ziersträucher, darunter auch immergrüne Laubgehölze und Nadelhölzer, sind hier zu finden, je nach Geschmack des Gartenbesitzers. Unter diesen Sträucherrabatten, Gebüschen und niedrigen Nadelgehölzen findet sich nur selten eine Unterpflanzung, vielleicht etwas Efeu oder einige Farne und am Außenrand, wo etwas Sonne zwischen die Sträucher scheint, Blatt- und Blütenstauden. Diesen im Schatten liegenden Teil des Gartens gilt es auch zu nutzen.

Unter Nadelholz-Baumgruppen	Unter Laubholz-Baumgruppen
Schafchampignon	Parasol
Waldchampignon	Schafchampignon
Riesenchampignon	Violetter Ritterling
Violetter Ritterling	Speisetäubling
Grünling	Horngrauer Rübling
Rötender Schirmling	Birkenröhrling
Speisetäubling	Orangegelber Rauhfuß
Horngrauer Rübling	Semmelstoppelpilz
Pfifferling	Eselsohr
Maronenröhrling	Orangegelber Becherling
Orangegelber Rauhfuß	Speisemorchel
Semmelstoppelpilz	Spitzmorchel
Hasenohr	Sommertrüffel
Spitzmorchel	Perigord-Trüffel
Weiße Trüffel	Weiße Trüffel

Anstelle des alljährlichen Umgrabens oder Ausharkens von Fallaub sollte hier für üppiges Leben gesorgt werden. Das abgefallene Laub sollte daher liegenbleiben, damit sich eine möglichst dicke Humusschicht bildet, aus der das Pilzmyzel alle notwendigen Nährstoffe entnehmen kann. Im Schatten der Sträucher hält sich im Boden die Feuchtigkeit, und bei warmer Witterung entsteht ein feuchtwarmes Kleinklima, das für das Pilzwachstum besonders gut geeignet ist. Wenn bei warmem, trockenem Wetter ein Gewitterregen für reichlich Feuchtigkeit sorgt, werden hier die Pilze aus dem Boden schießen und reichliche Pilzmahlzeiten bieten.

Einige Pilzarten gedeihen besser im Innern von Gebüsch und Gesträuch, andere mehr am Rande der Sträucherrabatten, wo etwas Sonne durchschimmert. Letztere dringen mit ihrem Myzel oft weit in die angrenzenden Rasenflächen vor und bilden Halbkreise und Hexenringe oder stehen in Trupps oder Reihen beisammen.

Auf diese Art könnten die bisher ungenutzten Flächen so manchen Leckerbissen bringen, und vielerlei Farben und bizarre Formen würden uns auf zuvor unbeachteten Plätzen im Garten viel Freude bereiten.

Unter Sträucherrabatten	Am Rande von Sträucherrabatten
Schafchampignon	Grünspanträuschling
Dünner Anisegerling	Mairitterling
Violetter Ritterling	Lilastiel
Nebelgrauer Trichterling	Parasol
Wintertrichterling	Rötender Schirmling
Mönchskopf	Frühlingsackerling
Birkenröhrling	Ziegenlippe
Flaschenstäubling	
Speisemorchel	

Pilze unter Hecken	
Hainbuchenröhrling	Hainbuchenhecken
Rotkappe	Hainbuchenhecken, Pappelhecken
Grünspanträuschling	Pappelhecken
Speisemorchel	Pappelhecken
Waldchampignon	Fichtenhecken
Riesenchampignon	Fichtenhecken
Rötender Schirmling	Fichtenhecken
Ziegenlippe	Fichtenhecken
Spitzmorchel	Fichtenhecken
Weiße Trüffel	Fichtenhecken

Als Schutz gegen Wind und Staub sowie gegen Blicke aus der Nachbarschaft werden häufig (an den Zäunen) *Hecken* gepflanzt. Oft bildet eine Reihe von Blütensträuchern, die Farbe in den Garten bringt und reichlich Dekorationsmaterial besonders für große Vasen liefert, den Abschluß zum Nachbargrundstück. Häufig werden aber auch höhere Hekken, die einen besseren Wind- und Staubschutz bieten und die durch ständigen Schnitt schmal gehalten werden, angepflanzt, oder immergrüne Hecken, die auch im Winter ihre Aufgabe erfüllen, begrenzen das Gartengrundstück. Den Platz unter diesen Hecken sollte man ebenfalls durch Ansiedlung von Pilzen nutzen. Allerdings wäre auch hier, wie bei Sträucherrabatten und Baumgruppen, die Erhaltung einer Humusdecke notwendig, damit das Pilzmyzel ausreichend Nahrung findet. Unter Hainbuchen- und Pappelhecken wird zwar kein üppiges Pilzwachstum entstehen, aber auch einzeln stehende Fruchtkörper können das Bild beleben. Unter Fichtenhecken könnten dagegen vom Frühjahr bis zum Herbst mehrere Pilzarten in kleineren und größeren Trupps manche wohlschmeckende Mahlzeit bescheren und uns ein Stück Fichtenwald in den Garten zaubern.

Pilze auf Rasenflächen

Wo die Rasenflächen an Gehölzgruppen angrenzen, könnten ringbildende Pilzarten wie Ritterlinge, Schwindlinge und Egerlinge aus dem Gebüsch heraus in die Rasenfläche hineinwachsen und sie durch zahlreiche bunte Pilze beleben. Im Frühling freut man sich über weiße, gelbe und blaue Krokusblüten im Rasen. So können auch im Sommer und Herbst

Pilze beim ersten Herbstfrost im Rasen.

Pilze in kleineren oder größeren Gruppen eine farbige Auflockerung des Rasengrüns bringen. Es wachsen auf sonnigen Viehweiden und in Parkanlagen im Sommer und Herbst bis in die ersten Frosttage hinein wohlschmeckende, weiße Champignonarten. Häufig siedeln sich diese sogar ohne unser Zutun im Rasen an. Hier könnte durch Einbringen von Pilzbrut eine Bereicherung unseres Gartens erreicht werden, die sich nicht nur optisch bemerkbar macht, sondern auch den Kindern die Freude bereitet, selbst einmal Pilze fürs Mittagsmahl zu sammeln. Geeignet sind hier der Wiesenchampignon, der Schafchampignon und der Straßenchampignon.

In kleineren Gruppen sollte man im Garten Pilzarten ansiedeln, die stärkere Sonneneinstrahlung vertragen. Wie schöne Kerzen ragen die Schopftintlinge aus dem Gras hervor, selbst wenn der Rasen nur einen festen, wenig nahrhaften Untergrund hat. Vom Sommer bis in den Spätherbst erscheinen immer wieder die hellen Fruchtkörper.

Besonders malerisch nehmen sich die auf hohen Stielen sitzenden breiten Hüte des meist vereinzelt stehenden Parasolpilzes aus. Im Jugendstadium sehen sie Paukenschlegeln gleich. Hier reicht oft schon ein einzelner, freistehender Pilz als dekorativer Blickfang. Der Parasol liebt leichten Schatten, wie er unter einem freistehenden Baum zur Verfügung steht. Im niedrigen Rasen, vor allem auf Rasenwegen, wachsen die kleinen Fruchtkörper des besonders aromatischen Nelkenschwindlings, dessen bei starker Trockenheit eintrocknende Hüte nach Beregnung oft wieder ihre Verwendbarkeit zurückgewinnen.

In wenig geschnittenem Rasen fühlen sich auch die im Frühjahr fruchtenden Mairitterlinge und Frühlingsackerlinge sowie die im Herbst erscheinenden Grünspanträuschlinge und Raslinge wohl.

Durch die Ansiedlung verschiedener Pilzarten könnte so der Rasen im Garten wieder den Charakter üppiger Weiden und saftiger Wiesen gewinnen.

Der Pilzgarten

Ohne Rücksicht auf die Art der Gehölze können an Stellen mit Halbschatten und Schatten Stammstücke, die mit holzbe-

Pilze auf Rasenflächen	
Stadtchampignon	Mönchskopf
Schafchampignon	Grünspanträuschling
Wiesenchampignon	Schopftintling
Mairitterling	Frühlingsackerling

Pilze auf im Rasen stehengebliebenen Baumstubben	
Schwarzfußporling	Krause Glucke
Schwefelporling	Eichenglucke

Sommerseitlinge auf einem Baumstumpf im Pilzgarten.

wohnenden Pilzarten beimpft sind, aufgestellt oder liegend halb im Boden eingegraben werden. Hierzu können Stämme verwendet werden, die nur von einer Pilzart durchwachsen sind, wie von Kombinationen mehrerer Arten, bei denen man sich zu verschiedenen Jahreszeiten an den bizarren Formen der Fruchtkörper erfreuen kann. Ähnlich, wie man mit Steinblöcken und Felsstükken einen Gartenteil ausgestalten kann, ist auch ein Platz mit Baumstubben, morschen Stämmen, Stammstücken und Ästen wie ein Stück Urwald anzulegen. Zwischen den Hölzern pflanzt man hochragende und flachwüchsige Farnkräuter an, als Bodenbedeckung dienen Ziergräser und üppige Moospolster, zwischen denen Gruppen des Orangeroten Schüsselpilzes, des Roten Gallertpilzes, weiße und braune Egerlinge, ockerfarbene und rotbraune Träuschlinge und Violette Ritterlinge angesiedelt werden. An den für den Pilzgarten Schatten spendenden Bäumen und gegen diese gelehnten langen Stammstücken läßt man Efeu, blaue und rote Clematis, weißblühende Kletterhortensien und gelb- und rotblütiges Geißblatt hochranken. Die Hölzer werden mit weißen, braunen oder rötlichen Porlingen beimpft, dazwischen entwickeln sich honigbraune Samtfußrüblinge, rehbraune Stockschwämmchen und Seitlinge in gelblichweißen, leuchtend gelben, rötlichen, dunkelbraunen und blauen Farbtönen. Hierbei wird man mehr Wert auf Farbwirkung als auf Ergiebigkeit für die

Stockschwämmchen an liegenden Hölzern.

Judasohr an Holunder.

Küche legen und mehr auf eine gleichmäßige Verteilung der Fruchtkörperbildung über das ganze Jahr als auf besonders delikate Arten achten. Ein solcher Baumpilz-Ziergarten kann anziehender wirken als die ursprüngliche Strächerrabatte, innerhalb derer er angelegt wird.

An eine schattige Stelle kann man einen Baumstamm von 3 bis 4 m Länge legen und mit mehreren Pilzarten beimpfen. Sehr geeignet ist hierfür ein Platz am Rande eines Teiches, eines kleinen Tümpels oder eines Sumpfgartens, wo die Pilze im dort herrschenden feuchten Klima besonders gut gedeihen. Auch der schattige Rand einer Baumgruppe oder einer Sträucherrabatte bietet sich hierfür an. Im Mittelfeld des Stammes sollte man ein Stück nicht beimpfen, sondern eine Sitzmöglichkeit schaffen, um für warme Tage und Abende einen beschaulichen Rastplatz zu haben.

Für diesen Zweck eignet sich ebenfalls eine Sitzgruppe, die aus mehreren starken, mit Pilzmyzel beimpften Klötzen zusammengestellt wird. Das Holz wird etwa 20 cm tief im Boden eingesenkt, um genügend Feuchtigkeit für das Wachstum des Pilzmyzels zur Verfügung zu stellen und um ausreichend Halt zu schaffen. In der Mitte der Gruppe wird ein längeres Stammstück, auf das eine große Holzscheibe von etwa 60 cm Durchmesser genagelt wurde, als Tisch aufgestellt. Eine derartige Sitzgruppe steht am besten unter einem schattenspendenden Baum, eventuell einer Hängebirke oder der hängenden Form von Eschen oder Buchen. Zur Beimpfung wird man Pilzarten verwenden, die erst im Herbst, wenn die Hölzer nicht mehr zum Sitzen benutzt werden, ihre Fruchtkörper bilden, wie z. B. Austernseitling, Ulmenseitling oder Samtfußrübling.

Zur Abgrenzung von Teichrändern und Böschungen kann man senkrecht aufgestellte Stammstücke verwenden, über die auch waagerecht längere Stämme genagelt werden können. Die Abgrenzungshölzer werden mit Pilzmyzel verschiedener Arten beimpft. Gut eignen sich hierfür Trockenheit vertragende Porlinge, deren Fruchtkörper sich das ganze Jahr über halten und bei Bedarf für Dekorationszwecke verwendet werden können. Kurze, vom Pilzmyzel durchwachsene Stammstücke, wie man sie im Obstgarten für die Pilzkultur einsetzt, können auch an halbschattigen Plätzen im Wohngarten aufgestellt werden, um durch Färbung und Form der auf ihnen wachsenden Pilze neue Effekte zu erzielen. Sie müssen so gestellt werden, daß von den Wegen aus der Blick auf die von Bäumen und Sträuchern gegen zu starke Sonneneinstrahlung geschützten Pilzhölzer fällt. Neben der Vogeltränke können sie als Sitzplatz für die sich hier einfindende Vogelwelt dienen. Dickere Stammstücke sind als Unterlage zum Aufstellen von Blumenkübeln geeignet. Im Rasen und am Rande von Gebüschen und Baumgruppen lassen sich hierfür die vom Roden der Gartenfläche oder vom Auslichten der Gehölze verbliebenen Baumstümpfe gut verwenden. Wenn man hier die Krause Glucke oder die Eichenglucke ansiedelt oder – wenn die Stubben von den Gehölzen entfernt allein im Rasen stehen – den Schwarzfußporling oder den Schwefelporling, so kann man große bizarre Fruchtkörper ernten oder bei den Porlingen lange Zeit hindurch die prächtig gefärbten Pilze als Dekoration wirken lassen.

Im Wohngarten sollte man sich bemühen, möglichst viele Pilzarten vor allem mit kräftiger Farbwirkung, wie die goldgelben Tamogi-Take, oder besonders interessanten Formen (Judasohr) heimisch zu machen und den Ertragswert dafür zurückstellen. Hier wollen wir uns an den Pilzen im Garten erfreuen und das Gefühl haben, wir wären weit draußen auf einer Wiese oder im Wald.

Geeignete Pilze für den Anbau im Garten

Pilzart	Höhe	Breite	Farbe	Standort im Garten			Erntezeit
Kulturchampignon	6–8	12–15	weiß, blond, braun	O*	G*		VIII–X
Stadtchampignon	5–8	10–15	weiß, gelblich	O	G	W	V–X
Schafchampignon	6–15	5–15	weiß			W	VI–IX

Pilzart	Höhe	Breite	Farbe	Standort im Garten	Ernte-zeit
Wiesenchampignon	5–8	5–10	weiß	W	VI–IX
Waldchampignon	6–10	4–10	hellbraun	W	VII–X
Dünner Anisegerling	6–12	5–10	weiß bis gelblich	W	VI–IX
Riesenchampignon	10–12	10–30	dunkelbraun	W	VIII–X
Riesenträuschling	8–12	15–18	braun	O G	VI–X
Grünspanträuschling	5–8	4–8	grün bis gelblich	W	IX–XI
Violetter Ritterling	6–8	6–15	violett	W	IX–XI
Mairitterling	5–8	6–15	weiß bis gelblich	O W	IV–VI
Grünling	4–6	4–10	gelb bis grüngelb	W	VIII–XI
Lilastiel	8	12	lila	O W	X–XI
Parasol	10–30	10–30	bräunlich	Kompost W	VII–X
Rötender Schirmling	10–15	10–15	braun	Kompost	VII–XI
Nebelgrauer Trichterling	7–10	7–15	hellgrau	W	IX–XI
Wintertrichterling	4–5	2–4	hellbraun	W	XI–XII und III
Mönchskopf	8–15	10–20	ockerfarbig	O W	IX–XI
Schopftintling	5–15	3–6	weiß	Kompost G W	IV–XI
Nelkenschwindling	4–8	2–6	ockerfarbig	O W	VI–X
Knoblauch-schwindling	3–6	1–3	blaßbraun	G	VI–X
Speisetäubling	3–6	6–10	rosa bis rot	W	VII–X
Horngrauer Rübling	5–6	3–6	graubraun	W	VIII–X
Frühlingsackerling	10–15	4–10	ockerfarben	W	V–VI
Pfifferling	2–6	2–8	gelb	W	VI–IX
Pfifferling (Laubwald)	3–8	4–12	hellgelb	W	VI–IX
Steinpilz	10–20	8–25	braun	W	V–X
Goldröhrling	6–12	7–15	goldbraun	W	VI–X
Maronenröhrling	6–12	5–15	braun	W	VII–X
Körnchenröhrling	5–8	6–10	braun	W	VI–X
Birkenröhrling	8–17	5–12	braun	W	VI–X
Semmelstoppelpilz	2–5	6–15	hell bis ockergelb	W	VII–XI
Flaschenstäubling	5–10	3–6	weiß bis gelblich	W	V–XI
Eselsohr	3–5	3–6	orangegelb	W	VI–IX
Hasenohr	2–5	2–5	ledergelb	W	VI–IX

Pilzart	Höhe	Breite	Farbe	Standort im Garten			Ernte-zeit
Orangeroter Schlüsselpilz	1–3	3–10	orangerot	O		W	VI–X
Speisemorchel	5–12	3–8	ocker bis braun	O		W	IV–VI
Spitzmorchel	5–10	3–5	braun			W	III–V
Perigord-Trüffel		3–8	braun bis schwarz			W	XI–II
Wintertrüffel		1–5	braun bis schwarz			W	IX–XI
Sommertrüffel		5–10	schwarz			W	VIII–XI
Weiße Trüffel		6–10	hellbraun			W	VII–IX
Riesenträuschling			ockerfarben, dunkelbraun	O	G	W	VI–X
Austernseitling (Herbst)	2–4	5–15	hellbraun graubraun	O	G	W	X–XII
Austernseitling (Sommer)	2–4	5–20	gelbbraun	O	G	W	V–VI u. IX–X
Ulmenseitling	6–18	8–20	grau	O		W	IX–XI
Rillstieliger Seitling	4–6	5–8	gelb bis rötlich			W	IX–XI
Taubenblauer Seitling	2–4	5–12	grau bis blau	O		W	X–XI
Orangeseitling	2–3	5–7	orangegelb			W	IX–XII
Stockschwämmchen	4–7	3–8	braun	O		W	V–XI
Samtfußrübling	4–10	2–8	gelbbraun	O		W	X–IV
Holzrübling	7–10	5–12	graubraun			W	VII–IX
Waldfreundrübling	4–6	3-6	braun			W	VI–X
Rauchblättriger Schwefelkopf	5–10	2–7	gelbbraun	O		W	VIII–II
Südlicher Schüppling	6–8	5–7	gelbbraun	O		W	VII–IX
Shii-Take	3–5	5–10	braun	O		W	II–V u. IX–XI
Schwarzfußporling	4–8	10–30	gelb bis braun			W	IV–XI
Schwefelporling		10–30	gelb			W	IV–VIII
Krause Glucke		15–20	gelblich			W	VIII–X
Judasohr		3–5	braun	O		W	VI–XII
Roter Gallertpilz		3–10	orangerot			W	VII–X

* O = Obst-, G = Gemüse-, W = Wohngarten

Kulturmaßnahmen

Die Kultur der wichtigsten Speisepilze

Vermehrungsmethoden

Einfache Methoden

Wie man Blumen, Gemüse und Erdbeeren vermehrt, ist wohl jedem, der einen Garten besitzt, bekannt. Er hat sicher schon manches Tütchen Samen gekauft und diesen in seinem Garten ausgesät oder von seinen Erdbeeren Ableger abgenommen und auf Beete gepflanzt. Die Vermehrung von Bäumen und Sträuchern wird er meist dem Fachmann überlassen und sich um das weitere Gedeihen dieser gekauften Pflanzen in seinem Garten bemühen. Mit Pilzen ist das nicht ganz so einfach. Der Wunsch, diese oft recht geheimnisvoll plötzlich aus dem Boden schießenden Gebilde selbst kultivieren zu können, besteht schon seit über zweitausend Jahren.

So befaßte sich in Griechenland bereits um das Jahr 300 vor Christus Theophrast mit der Entwicklung der Pilze, und um das Jahr 50 nach Christus bemühte man sich, Steinpilze dadurch zu vermehren, daß man Reste von Pilzen in die Erde grub oder daß man sie in Wasser legte und dieses an Stellen, die dem natürlichen Standort entsprachen, über den Boden goß. Fast die gleiche Methode wurde um 1650 von Gärtnern in Paris angewendet, als man die ersten Kulturchampignons anbaute und zur Weiterkultur Champignonabfälle und das Waschwasser der Pilze auf das abgetragene Substrat von Melonenkulturen brachte. Auf ähnliche Weise versucht man noch bis heute, an geeigneten Plätzen Trüffeln und Morcheln anzusiedeln. 1816 wurde berichtet, daß man einen Klumpen vom »Steinröhrenpilz« durchwachsenen Bodens im Herbst in Italien mitgenommen habe, der im Frühjahr in Wien viele Fruchtkörper gebracht habe. In Deutschland durchgeführte Versuche, vor der Reife stehende Pilze mit dem Stiel auszuheben und an geeigneten Stellen im Wald wieder einzusetzen, brachten keinen Erfolg. Der Pilzkundige Heckenstaller berichtete, es sei ihm gelungen, Steinpilze im Englischen Garten in München anzusiedeln.

Oben links: Stockschwämmchen.
Oben rechts: Flaschenstäubling.
Unten links: Judasohr.
Unten rechts: Rauchblättriger Schwefelkopf.

Er legte reife Hüte auf den Boden und bedeckte sie mit Laub. Der Fäulnisvorgang im Hut bewirkte nach seiner Meinung die Anregung der Pilzsporen zum Keimen. So gelang es ihm auch, durch Bestreichen alter Stubben mit den reifen Hüten des Samtfußrüblings ganze Kolonien dieses Pilzes zu ziehen.

Als man sich im 19. Jahrhundert darüber klar wurde, daß die Sporen des Pilzes die gleichen Aufgaben haben wie die Samen unserer grünen Pflanzen, verwendete man die Sporen zur Vermehrung. So wurde 1883 berichtet, daß man in Dresden keimfähige Sporen von Steinpilzen mit Sand vermischt auf Grasflächen unter Laub- und Nadelholz ausgesät habe. Im zweiten Jahr seien die ersten Pilze unter Nadelholz und später unter den Laubbäumen erschienen. Es wurde empfohlen, Sporen in einem feuchtwarmen Raum auf Blättern auskeimen zu lassen und Blätter und Keime in einer warmen, feuchten Moosschicht unterzubringen. Das Bestreuen von Baumstrünken und Stammstücken mit Sporen und anschließendes Einhacken in das Holz wurde noch vor einigen Jahrzehnten zur Vermehrung holzbewohnender Pilze durchgeführt.

Substratvermehrung

Die angegebenen primitiven Methoden führten nur selten zum Erfolg, und die Ergebnisse befriedigten so wenig, daß es immer bei Einzelversuchen blieb. Erst die Abkehr von der Vermehrung durch Sporen zur Vermehrung durch ein mit Pilzmyzel durchwachsenes Substrat ermöglichte sichere Kulturen. Französische Gärtner stellten fest, daß in den Pferdedunghaufen auf den Feldern und in den am Straßenrand liegenden, mit Pferdeäpfeln vermischten Kehrichthaufen häufig ein kräftig entwickeltes Pilzmyzel zu finden war. Mit diesem Myzel wurden Reste kompostierten Pferdedungs beimpft und zur besseren Weiterentwicklung gegen Regen und Sonne geschützt. Das gut durchsponnene Substrat dieser Beete wurde in Stücke aufgeteilt und als Champignon-Mistbrut verkauft. In Deutschland suchte man besonders unter den Krippen in den Pferdeställen der Kasernen nach dem Champignonmyzel, um es als Mistbrut einzusetzen. Sogenannte Brutsteine stellte man her, indem Pilzsporen unter das Pferdefutter gemischt wurden, um dadurch die Bildung von Myzel im Pferdedung zu erreichen. Das so gewonnene Myzel wurde mit Pferdedung, Lehm und anderen Zusätzen gemischt, dann wurden Steine daraus geformt und diese als Brut verwendet. Da in den Waldungen an Stellen, an denen viel Wildlosung zu finden ist, meist auch reichlich Pilzwachstum festzustellen ist, scheint der Weg, über den Tiermagen die Bildung

Oben: Sommerseitling auf Stroh in Plastiksäcken.
Unten: Nameko-Impfung, Keilschnitt.

von Myzel zu begünstigen, überprüfenswert. Die bei den angegebenen Methoden herangezogenen Pilze waren natürlich in Form und Farbe recht unterschiedlich, so daß man bei den wachsenden Ansprüchen der Verbraucher an die Qualität der Champignons neue Methoden finden mußte.

Um einheitliche Pilze kultivieren zu können, wurden daher Sporen im Reagenzglas auf Agar zum Keimen gebracht und das so gewonnene Myzel auf Nährböden übertragen, die zuvor durch Erhitzung keimfrei gemacht waren. Aus den so gewonnenen Brutbeeten wurden Riegel herausgeschnitten und sauber verpackt in den Handel gebracht. Da feuchte Brut sich nicht lange aufbewahren läßt, wurde meist getrocknete Brut, die vor dem Gebrauch zunächst wieder Feuchtigkeit aufnehmen mußte, verwendet. Zum Spicken der Champignonbeete wurden die Riegel, die gleichmäßig von einem weißen, feinen Myzel umsponnen waren, in kleine Stücke zerbrochen.

Durch die Verwendung von Glasflaschen oder Kunststoffbeuteln besteht die Möglichkeit, das Substrat gründlich zu sterilisieren und durch einen keimfreien Abschluß bei Verwendung von Watte oder Polypropylen-Folie steril zu halten, ohne einen Luftaustausch zu verhindern. Von guten Züchtern kann heute eine ausgezeichnete Mistbrut bezogen werden. Im Handel befindliche Träuschlingsbrut kann bei 2 bis 5 °C mehrere Monate, bei 10 bis 15 °C bis zu 3 Wochen lang gelagert werden. Bei Brutpasten rechnet man mit einer Lagerfähigkeit nach der Umfüllung von 3 bis 10 Tagen.

Heute werden meist Sporen in Räumen, die vollkommen steril gehalten werden, auf Agar-Nährböden gebracht und das darauf gewachsene Myzel für Beimpfungen verwendet. Diese Sporenkulturen werden je nach Züchtungszweck als Einsporkultur oder als Vielsporkultur herangezogen. Bei der Weitervermehrung wird meist mit Myzelteilung gearbeitet. Anstelle der Sporen können auch Teilstücke der Fruchtkörper zur Myzelgewinnung Verwendung finden.

Körnerbrut

Im erwerbsmäßigen Pilzanbau wird meist auf Getreidekörner übertragenes Myzel, Körnerbrut, zur Vermehrung eingesetzt, weil sich die Körner gleichmäßig im Nährboden verteilen lassen und durch die zahlreichen Stellen, von denen aus das Pilzmyzel in diesen eindringt, ein schnelleres und gleichmäßigeres Durchspinnen zu erreichen ist. Je schneller der Nährboden vom Myzel durchwachsen ist, um so geringer ist die Gefahr, daß durch Fremdinfektionen von anderen Pilzarten Schäden oder sogar Vernichtung der gewünschten Pilzart eintreten können.

Zur Gewinnung von Körnerbrut werden Getreidekörner (Weizen, Roggen, Gerste, Hirse) 15 Minuten lang gekocht, so daß ein Feuchtigkeitsgehalt von etwa 40 % entsteht, und, nachdem sie etwas angetrocknet sind, mit Gips (gegen Verkleben) und kohlensaurem Kalk (zur pH-Wert-Regulierung) auf einen für das Myzelwachstum geeigneten pH-Wert, bei Champignon z. B. 7,5, gebracht. Damit werden Flaschen oder Plastikbeutel gefüllt, die man mit ihrem Inhalt bei 120 °C zwei Stunden lang sterilisiert. Um die sich beim Sterilisieren zusammenballende Körnermasse zu lockern, werden die Behälter geschüttelt. Dann überträgt man in einem keimfreien Raum Myzelstücke aus den Reinkulturen in die Behälter und lagert diese bei etwa 25 °C im Anwachsraum. Der Nährboden ist nach etwa 2 bis 3 Wochen vom Myzel dicht durchwachsen und kann nun als Brut verkauft werden. Sie wird hierfür in die Verkaufspackung umgefüllt oder verbleibt in den Plastikbeuteln. Die fertigen Packungen können einige Wochen bei Temperaturen dicht über 1 °C gelagert werden. Da sie aber beim Transport zum Verbraucher meist, vor allem im Sommer, wieder auf höhere Temperaturen kommen, sollte die Brut möglichst unmittelbar vor der Verwendung bestellt und sofort verbraucht oder zumindest geöffnet im Kühlschrank aufbewahrt werden.

Es wird auch sogenannte »Trockenbrut« hergestellt, die einige Monate keimfähig bleibt. Sie kann in gut verschlossenen Kleinpackungen in geringen Mengen abgepackt werden.

Für die Kultur von Mykorrhizapilzen werden auch Flüssigkeitskulturen hergestellt, um auf kleinem Raum größere Myzelernten zu erzielen.

Zum Anbau von Shii-Take auf Sägemehlsubstrat wird teilweise im Fermenter gewonnene Brut verwendet. Versuche zur Herstellung von Flüssigbrut für die Kultur von Stockschwämmchen laufen zur Zeit.

Der Bau der für beste Brutqualität benötigten voll klimatisierten Räume, die vollkommen steril gehalten und über Spezialfilteranlagen belüftet werden müssen, ist natürlich sehr kostspielig, so daß die Zahl der Brutzüchter immer kleiner und die Produktionsstätten immer größer wurden. Die Züchtung neuer, für den Anbau besonders geeigneter Stämme erfordert einen wissenschaftlichen Mitarbeiterstab und modernste Forschungseinrichtungen, für die nur große Firmen die hohen finanziellen Kosten tragen können. Derjenige, der selbst Brut herstellen will, muß daher mit *einfachen Methoden* vorlieb nehmen und darf sich nicht wundern, wenn häufig der erwünschte Erfolg ausbleibt.

Neben der Körnerbrut und verschiedenen Arten von Mistbrut sind bei den wenig angebauten Pilzarten auch andere Vermehrungsmöglichkeiten gegeben. So kann sogenanntes *Sporenpapier* verwendet werden, oder man kann – nach japanischem Muster – Holzkeile (sogenannte *Brutkeile*), die mit Myzel durchwachsen sind, zur Beimpfung von Holzstämmen einsetzen. Bei holzbewohnenden Pilzarten wird vielfach *Brutpaste* verwendet, die z. B. aus Wasser, Holzspänen, Malz und Pepton (nach W. Luthardt) hergestellt ist. Die Paste läßt sich sehr gleichmäßig auf den Schnittflächen des Holzes verstreichen und schützt gegen Austrocknung und Fremdinfektion. Bei Symbionten werden Sämlinge der Bäume, mit denen die gewünschten Pilzarten in Lebensgemeinschaft zusammenleben, steril herangezogen, mit dem Pilzmyzel beimpft und später an geeigneter Stelle gepflanzt (siehe »Kultur von Mykorrhizapilzen«, Seite 117).

Sterile Anzucht

Wer sich selbst mit der Vermehrung von Pilzen befassen will, muß sich zunächst darüber im klaren sein, daß hiermit nicht nur viel Aufwand und viele

Steriles Substrat für die Brutherstellung durch Erhitzen im Autoklaven.

Seitlingsbrut aus eigener Vermehrung.

Schwierigkeiten verbunden sind, sondern auch mancher Ärger über immer wieder auftretende Fehlschläge, da man als Hobby-Pilzanbauer nicht in der Lage ist, so steril zu arbeiten, wie das bei Pilzen notwendig ist. Die Vermehrung von selbstgeernteten Pilzen durch Sporen oder Gewebestücke, die man auf Agar-Nährsubstrat vornimmt, um dann das so gewonnene Myzel auf ein Vermehrungssubstrat, das als Brut verwendet wird, zu überimpfen, ist meist sehr kompliziert. Einfacher ist es, vorhandene Brut auf Dünger, Stroh oder Holz weiter zu vermehren. Als günstig hat es sich erwiesen, wenn man für die eigene Brutherstellung Einmachgläser verwendet. In die Gläser wird das jeweils geeignete Substrat eingefüllt und dann im Einkochkessel oder Backofen etwa zwei Stunden bei 120 °C keimfrei gemacht. Nach dem Abkühlen auf etwa 30 °C wird schnell etwas Brut in das Substrat gemischt und der Deckel wieder aufgesetzt oder das Glas mit Polypropylenfolie zugebunden. Wenn kein Dichtungsring aufgelegt ist, kann noch etwas Luft zwischen Deckel und Glas eindringen. Je nach Art des Myzels und der Eignung des Nährsubstrats wird der Inhalt des Glases vom Myzel durchsponnen und kann zur Weitervermehrung oder zum Spicken verwendet werden. Als Substrat verwendet man je nach Pilzart Getreidekörner, kurzes oder gehäckseltes Stroh, Sägespäne, Torf oder Mischungen verschiedener Stoffe.

Baumscheiben-Methode

Bei holzbewohnenden Pilzen kann man die Baumscheiben-Methode anwenden, die besonders einfach ist. Man schneidet gut vom Myzel durchsponnene Stammstücke in Scheiben von 3 bis 5 cm Dicke, schneidet von keinerlei Myzel bewachsene Stammstücke auf 40 cm Länge und nagelt die durchwachsenen Scheiben fest auf die Hölzer, nachdem man die Schnittflächen gut angefeuchtet und eventuell noch mit etwas Sägemehl bedeckt hat. Dann werden die Stammstücke in einer Grube oder Miete bei hoher Feuchtigkeit zum Durchspinnen aufgestellt oder, wenn es sich nur um wenige handelt, in einem Plastikbeutel, in den man etwas Wasser gießt und die Hölzer übersprüht, im Keller warm aufbewahrt.

Vermehrung aus Fruchtkörpermyzel

Will man aus den Sporen oder Gewebestücken von selbst gesammelten Fruchtkörpern Brut herstellen, so muß man sich ein kleines Labor in einem verfügbaren Raum schaffen. Im allgemeinen wird hierfür ein Kellerraum vorhanden sein, der geheizt und gelüftet werden kann, der durch hohe Luftfeuchtigkeit nicht geschädigt wird und in dem Stromanschluß vorhanden ist. Im Raum benötigt man ein Regal zum Aufstellen der Petrischalen, Reagenzgläser, Einmachgläser usw. und einen Arbeitstisch möglichst mit Kunststoffplatte. Als Raumbeleuchtung sollte eine Leuchtstofflampe (Tageslicht) vorhanden sein, eine Tischlampe und eine Ultraviolettlampe über dem Arbeitsplatz.

Für die Vermehrung wird man Petrischalen verwenden, die aus Plastik steril zu je 10 Stück im Kunststoffbeutel verpackt gekauft werden können. Bei Verwendung von Glasschalen wird man diese im Backofen bei 120 °C keimfrei

Einfaches Brutlabor im Hauskeller.

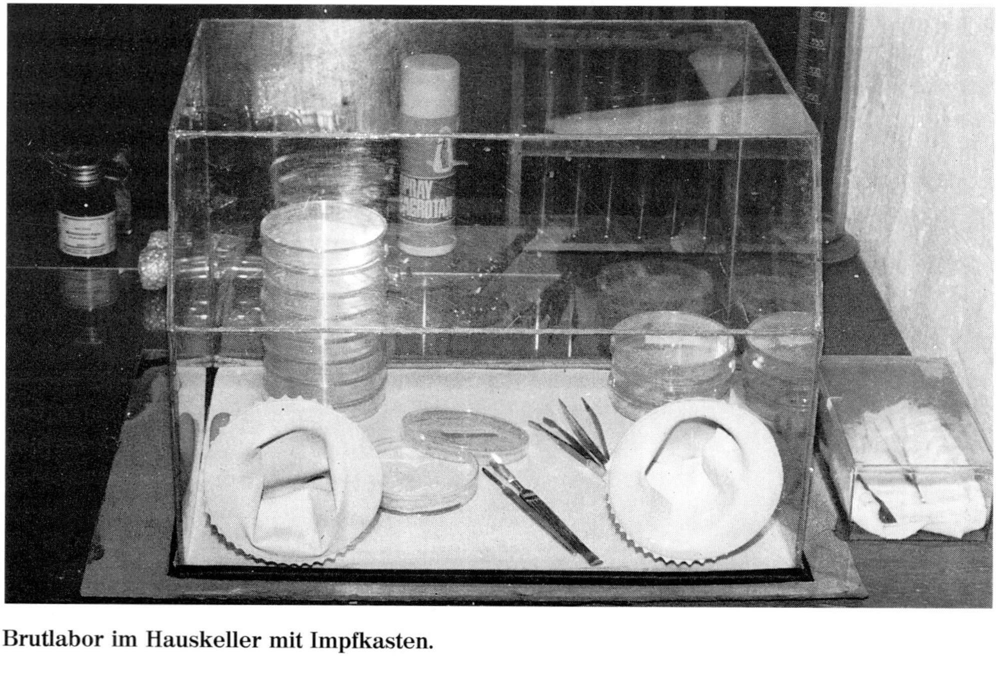

Brutlabor im Hauskeller mit Impfkasten.

machen. In die Schalen wird als Nährboden Agar gebracht. Meist eignet sich fertig zu kaufender Malzextrakt-Agar, der in destilliertem Wasser 15 Minuten eingeweicht und dann bis zur vollständigen Lösung im Dampftopf gekocht und anschließend am besten 20 Minuten bei 120 °C autoklaviert wird. Auf diese Art ist er vollkommen keimfrei. In eine normale Petrischale kommen etwa 10 ml Agarlösung. Man läßt diese abkühlen und stellt sie keimfrei auf. Für die Beimpfung reicht bei manchen Arten schon ein schnelles Öffnen der Schalen, Aufbringen der Gewebeteile oder Sporen und sofortiges Schließen. Da im Raum meist zahlreiche Bakterien und Pilzsporen in der Luft vorhanden sind, bringt man über dem Arbeitsplatz möglichst eine Ultraviolettlampe (bei Arbeit ausschalten) zur Abtötung von Keimen an oder desinfiziert die Raumluft, indem man etwa eine halbe Stunde vor Beginn der Arbeit für etwa 20 Minuten einen Aerodesinfektor einschaltet.

Die Arbeit führt man in einer Art Miniaturgewächshaus (Impfkasten) durch, das man selbst aus Kunststoff herstellen kann. Zur Arbeit braucht man sterile Gummihandschuhe. Vor dem Beimpfen wird der Impfkasten von innen mit Formalin oder Sagrotan keimfrei gemacht, die Petrischalen werden mit Spiritus gereinigt, und man verwendet keimfreies Gerät. Bei der meist einfachen Methode der Vermehrung durch Gewebestücke kommt es darauf an, daß auch diese keimfrei sind. Daher verwendet man z. B. Lamellenstücke aus noch geschlossenen Hüten, die man im Impfkasten aufschneidet, oder Stielstücke, die man dem inneren Teil der Stiele entnimmt, da an den Fruchtkörpern von

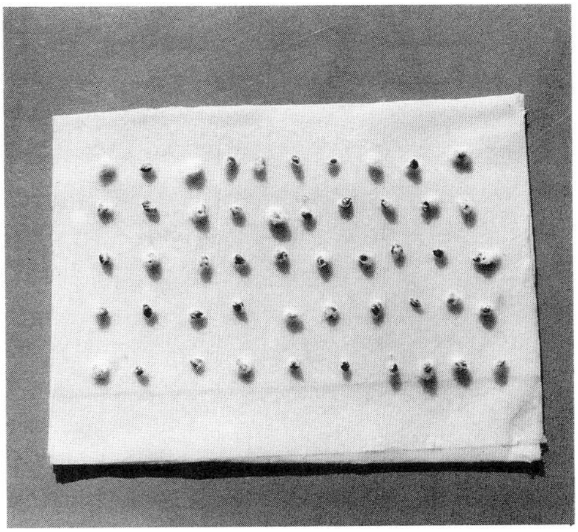

Brutprobe.

außen überall Fremdkörper vorhanden sind, die Infektionen hervorrufen können. Im Impfkasten werden diese Gewebestücke nun schnell auf den Nährboden in den Petrischalen gebracht. Die so beimpften Schalen kommen dann in Plastikbeutel und werden auf dem Regal zur Myzelbildung aufgestellt. Bei gleichmäßiger Temperatur und hoher Feuchtigkeit kann man schon nach wenigen Tagen feststellen, ob sich das Myzel gut entwickelt hat, oder ob Bakterien oder Schadpilze in die Schalen gelangt sind. Die fertigen Kulturen kann man nach gleichmäßigem Bewachsen des Nährbodens zur Beimpfung des Brutsubstrats benutzen.

Kleine, mit Myzel bewachsene Agarstücke werden auf Getreidekörner, Stroh, Sägespäne u. a. gebracht, damit sie in das Brutsubstrat einwachsen können. Hierzu wurden bereits Angaben unter »Körnerbrut« (Seite 88 f.) und »Sterile Anzucht« (Seite 89 ff.) gemacht, so daß sich hier weitere Ausführungen erübrigen.

Brutherstellung in Glasröhrchen für die Bohrlochbeimpfung.

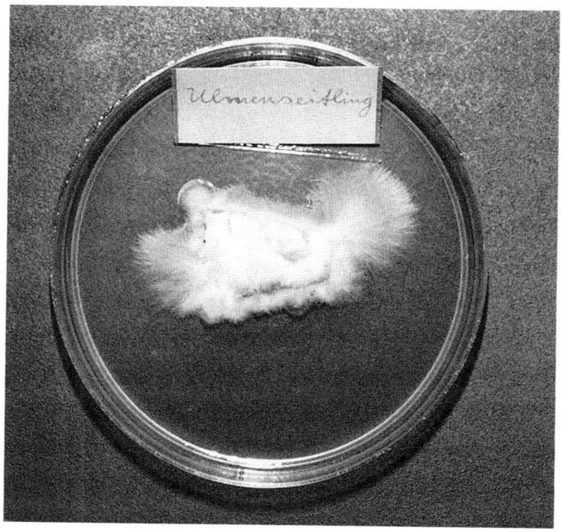

Myzelbildung beim Ulmenseitling.

Meist erweist sich für das Myzelwachstum der Speisepilze eine Temperatur von etwa 25 °C als günstig.

Im Rahmen dieses Buches kann die Beschreibung dieser äußerst diffizilen Arbeiten nur kurz ausfallen, um dem Pilzfreund wenigstens einen Einblick in die Materie zu geben und zu eigenen Versuchen zu ermuntern. Fehlschläge werden nicht zu vermeiden sein, da schon kleinste Fehler Grund zu völligen Mißerfolgen sein können.

Brutprobe

Gute, frische Brut ist die Voraussetzung für einen Kulturerfolg. Alte oder zu warm gelagerte Brut bringt keine Myzelbildung oder nur schlechtes Wachstum, was später meist völligen Ausfall zur Folge hat. Ein Befall durch Schimmelpilze, Bakterien, Nematoden oder Milben unterdrückt das Myzelwachstum unserer Kulturpilze und ermöglicht oft keinen Ertrag. Man sollte daher vor Beginn der Kultur zunächst eine Brutprobe durchführen:

Auf eine flache Schale, Untertasse oder einen Untersatz legt man ein Stück Fließpapier oder Löschpapier, feuchtet es gut an und legt darauf im Abstand von

Brut 1946 im Handel	Brut 1989 im Handel	Zur Zeit Kulturversuche
Kulturchampignon	Kulturchampignon	Schafchampignon
Austernseitling	Stadtchampignon	Wiesenchampignon
Stockschwämmchen (braunstielig)	Austernseitling (Sommertyp)	Dünner Anisegerling
Stockschwämmchen (weißstielig)	Austernseitling (Herbsttyp)	Rötender Schirmling
Samtfußtrübling	Rillstieliger Seitling	Knoblauchschwindling
Shii-Take	Stockschwämmchen	Speisemorchel
Rauchblättriger Schwefelkopf	Samtfußrübling	Spitzmorchel
Ziegelroter Schwefelkopf	Shii-Take	Maronenröhrling
Schwarzfußporling	Rauchblättriger Schwefelkopf	Ziegenlippe
Riesenporling	Judasohr	Steinpilz
Krause Glucke	Violetter Ritterling	Pfifferling
Frühlingsackerling	Kulturträuschling	Ulmenseitling
Violetter Ritterling	Südlicher Schüppling	Riesenbovist
Nebelgrauer Trichterling	Schopftintling	Mairitterling
Nelkenschwindling	Nameko	Roter Gallertpilz
Frostrasling	Lungenseitling	Grünling
Parasol	Kräuterseitling	Rosablättriger Schirmling
	Taubenblauer Seitling	Matsutake
	mit Trüffelmyzel beimpfte Eichen und Haselnußpflanzen	Birkenporling
	Körnchenröhrling u. a. für Forstwirtschaft	Lackporling

1 x 1 cm etwa 10 bis 50 Brutkörner oder Brutstücke. Darüber deckt man im Abstand von 2 bis 5 cm eine Glasscheibe o. ä. und stellt die Probe an einem warmen (20 bis 25 °C) Platz auf. Schon nach 2 bis 3 Tagen, spätestens nach einer Woche, bildet sich auf der Brut und zwischen den Körnern ein feines, weißes Fadengeflecht. Je dichter das Fadengeflecht, desto höher die Aktivität. Bildet sich nur vereinzelt kräftiges, weißes Myzel oder zeigen sich auf der Brut grüne Schimmelflecke, so ist es für die Verwendung ungeeignet.

Man sollte, um sich Ärger zu ersparen, rechtzeitig die Brut bestellen, um die Brutprobe durchführen und im Notfall noch andere, bessere Brut kaufen zu können. Nach ihrem Eintreffen sollte die Brut im Eisschrank bei + 2 bis +5 °C lagern, die Impfung sollte möglichst bald durchgeführt werden.

Kulturanweisungen

Champignonkultur

Der Zuchtchampignon wird in der Bundesrepublik Deutschland erwerbsmäßig in großen, kostspieligen Spezial-Kulturräumen das ganze Jahr über angebaut. Aber natürlich besteht auch für den Pilzliebhaber die Möglichkeit, in seinem Garten im Sommer und Herbst eigene Champignons heranzuziehen. Da die Pilze nicht allzusehr der Sonne ausgesetzt sein sollten und das Substrat, auf dem der Anbau erfolgt, nicht austrocknen darf, ist der Anbau im Garten im Schutze von Erdwällen zu empfehlen. Hierzu bieten sich zum Beispiel Spargelanlagen an. Die Beete sollten in Ost-West-Richtung angelegt sein, da so für die Pilzanlagen gegen die Einstrahlung der Mittagssonne von den Spargeldämmen Schatten gespendet wird. Nach der Spargelernte wird zwischen der ersten und zweiten Spargelreihe das Champignonbeet angelegt, zwischen der zweiten und dritten Reihe bleibt zum Bearbeiten und Ernten Raum, dann folgt das nächste Champignonbeet usw. Da die Dämme bereits vorhanden sind, braucht nur für den unteren Teil der Pilzanlage etwas Erde ausgehoben zu werden. An der Nordseite der Hügel wird dann ein geeignetes Nährsubstrat (Champignonkompost) aufgeschichtet und anschließend wieder mit einer Erdschicht bedeckt.

Wo keine Spargelanlagen vorhanden sind, kann man Hügelbeete zwischen den Buschobstreihen oder im Gemüse-

Die Nordseite der Spargelhügel wird mit Champignonkompost bedeckt, gespickt und dann mit einer Folie bedeckt.

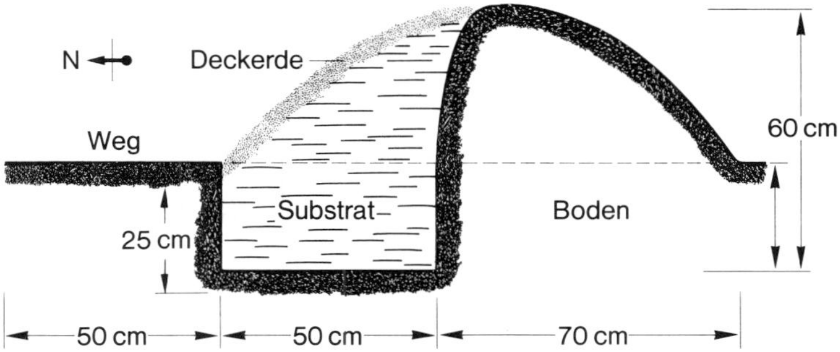

Champignon-Hügelbeet.

garten anlegen. Zwischen den Obstreihen wird man sich auf eine Reihe beschränken müssen, da sonst die Bearbeitung sowohl für den Pilz- wie für den Obstanbau zu schwierig wird. Zur Herstellung des Beetes wird ein Graben von 50 cm Breite und 20 bis 25 cm Tiefe ausgehoben und mit dem Aushub auf der Südseite ein Hügel angehäuft. Dieser sollte zum Graben hin möglichst steil angelegt sein und nach Süden flacher auslaufen. Die Kuppe des Hügels wird so etwa 60 cm höher liegen als die Grabensohle, der Hügel dürfte ungefähr 70 cm breit werden. Anschließend läßt man einen Bearbeitungsweg von 40 bis 50 cm Breite, ehe mit dem nächsten Beet begonnen wird. Für die Durchführung der Champignonkultur muß ein geeignetes Nährsubstrat zur Verfügung stehen. Nur selten wird in der Nähe ein Champignonanbaubetrieb liegen, von dem man fertigen, pasteurisierten, ungenutzten Champignonkompost beziehen kann. Allerdings würde bei Bezug eines solchen keimfreien, aus bestem Material hergestellten Kompostes ein wesentlich besseres Resultat zu erwarten sein als bei eigener Herstellung, zumal die Spezialbetriebe eine Fremdinfektion durch krankheitserregende Schadpilze vermeiden können.

Um geeignetes Substrat herstellen zu können, muß man sich zunächst darüber im klaren sein, was damit erreicht werden soll. Da die Pilze kein Blattgrün besitzen und daher nicht selbst Kohlenhydrate bilden können, sind sie zu ihrer Ernährung auf organische Substanz angewiesen. Sie entziehen Kohlenhydrate, Eiweiß und Mineralien abgestorbenen Organismen, die durch die Tätigkeit von Mikroben in eine für sie verwertbare Form umgewandelt wurden. Der Eiweißbedarf wird aus den abgestorbenen Mikroben und dem stickstoffreichen Lignin-Humus-Komplex gedeckt. Außerdem scheint die Versorgung mit Vitaminen notwendig, die durch die Mikroorganismen, die im Substrat die Zellulose zerlegen, produziert werden. Als Hauptsubstrat ist besonders Stroh geeignet. Bei eigener Kompostherstellung wird man am besten strohreichen Pferdedung verwenden, da dieser bereits Stickstoff und alle anderen vom Pilz benötigten Nährstoffe enthält und ein für die Fermentierung notwendiges Bakterienleben besitzt. Bei Verwendung von Stroh müssen die notwendigen Nährstoffe erst zugesetzt und es muß für das Bakterienleben gesorgt werden. Da es viele Reitschulen, Reithallen und Pferdepensionen gibt, in denen meist reichlich Pferdedung anfällt, und in der Landwirtschaft Kuhdung bevorzugt verwendet wird, dürfte die Beschaffung keine große Mühe bereiten.

Um das Stroh und die im Pferdedung enthaltenen oder ihm zugesetzten Nährstoffe in eine Form zu bringen, die ein günstiges Pilzwachstum ermöglicht, wird zunächst eine Fermentierung durchgeführt.
Hierdurch soll erreicht werden:

1. Auflockerung und Aufweichung der Strohteile
2. Erhöhung des Feuchtigkeitsgehaltes
3. Zerkleinerung und Vermischung zu einer möglichst gleichmäßigen Masse von lockerer Struktur
4. Umwandlung der Bestandteile in Nährstofformen, die dem Pilzmyzel besser zugänglich sind
5. Bindung des Ammoniakstickstoffes
6. Neutralisierung der Säuren
7. Regulierung des pH-Wertes

Die Fermentierung wird meist als Kompostierung durchgeführt. Die Umsetzungen im Kompost werden durch Kleinlebewesen (Mikroben) durchgeführt. Zunächst siedeln sich Bakterien und Pilze an, die besonders gut bei Temperaturen um 25 °C gedeihen. Wenn die Temperatur steigt, sterben diese Arten ab und andere, die 45 °C vertragen, treten an ihre Stelle, während die wärmeliebenden Aktinomyzeten (Strahlenpilze) bei 45 bis 55 °C besonders gut gedeihen. Um diesen Prozeß erfolgreich ablaufen zu lassen, muß das Substrat mehrmals umgesetzt werden, damit alle Teile gleichmäßig behandelt werden und eine gute Sauerstoffversorgung im Komposthaufen gewährleistet ist. Durch Zusetzen von Wasser wird der ideale Feuchtigkeitsgehalt erreicht.

Durch die Tätigkeit der Mikroben (Bakterien, Aktinomyzeten und Pilze) werden die leichter zersetzbaren Kohlenhydrate abgebaut und Wärme wird erzeugt. Durch die im Kompost entwikkelten hohen Temperaturen wird in Verbindung mit dem anwesenden Ammoniak das Stroh aufgeweicht. Da zu hohe Temperaturen eine Verbrennung bewirken würden, muß rechtzeitig wieder umgesetzt werden. Ein erheblicher Teil der

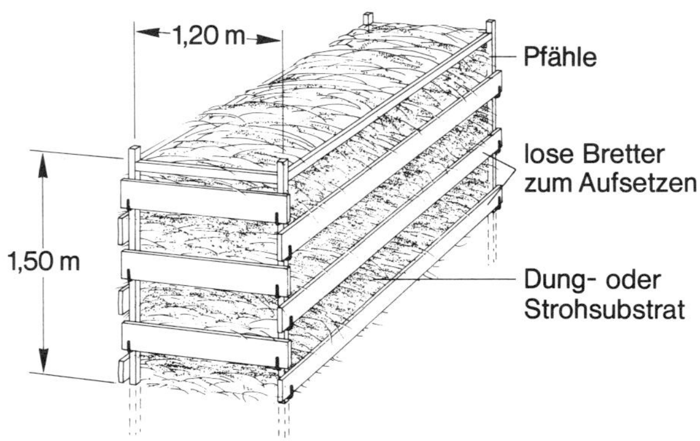

Kompostierung für die Champignonkultur.

Trockensubstanz geht bei dem Fermentierungsprozeß verloren, da hierbei viel organische Substanz abgebaut wird. Den im Kompost vorhandenen Ammoniakstickstoff verbrauchen die Mikroben zu eigenem Aufbau, und nach ihrem Absterben kann ihr Körpereiweiß vom Pilzmyzel verwertet werden.

Die richtige Durchführung der Kompostierung macht für die kleinen, vom Gartenbesitzer benötigten Mengen leider erheblich mehr Schwierigkeiten als im Zuchtbetrieb, da zur guten Erwärmung des Substrates eine genügend hohe Schichtung notwendig ist. Hierzu wird man zunächst als seitliche Abgrenzung in etwa 1 m Entfernung einige Obstbaumpfähle einschlagen und einige Bretter an den Längsseiten einlegen. Dann wird man den Pferdedung schichtweise aufsetzen, festtreten und anfeuchten. Mit zunehmender Höhe des Komposthaufens setzt man auch die Bretter immer höher, so daß glatte Außenseiten entstehen, wie man es auf vielen Bauernhöfen an den Dunghaufen sehen kann. Der Hügel sollte etwa 1,50 m hoch und 1,20 m breit aufgesetzt werden. Die Länge entspricht der gewünschten Düngermenge. Als Zusatzdünger gibt man Hühnerdung hinzu und mischt das Substrat zur Erreichung eines günstigen Kalkgehaltes (pH-Wert 7,5 bis 8,0) mit Gips. Um einen einheitlichen Kompost zu erhalten, muß mehrmals umgesetzt werden, und durch Wasserzugabe muß das Substrat zum Schluß einen Gehalt von etwa 73 % Wasser erhalten. Da der Hobbygärtner keine Pasteurisierungseinrichtung besitzt, muß solange mit der Verwendung gewartet werden, bis kein Ammoniak mehr im Substrat vorhanden ist, weil sonst kein Pilzmyzel gebildet würde.

In mehreren Umsetzungen soll folgendes erreicht werden:

1. Feuchtigkeit des Substrates ungefähr 72 bis 75 %
2. pH-Wert 7,5 bis 8,0
3. Stroh noch gelbbraun bis dunkelbraun mit weißen Tupfen von Aktinomyzeten (Strahlenpilzen)
4. Stroh mürbe und mit der Hand zu zerreißen
5. Kein Ammoniakgeruch

Zu dem gewünschten Resultat wird beim Pilzliebhaber nur die sogenannte Langkompostierung führen. Hierbei ist

Verfahren mit Pferdedung als Hauptbestandteil

Tag	Arbeitsgang	Zusätze je t Pferdedung (Beispiel)
1.	Festes Aufsetzen	sehr viel Wasser + 50 kg Hühnerdung
5.	1. Umsetzen	Wasser + 50 kg Hühnerdung
11.	2. Umsetzen	wenig Wasser + 25 kg Gips
15.	3. Umsetzen	wenig Wasser
19.	4. Umsetzen	wenig Wasser
21.	Auf die Hügelbeete bringen	zuvor Wasser auf 72 bis 75 % gebracht

zu beachten, daß beim Aufsetzen des Komposthaufens fest angetreten wird, um eine große Wasseraufnahme zu erreichen. Bei den folgenden Umsetzungen wird zur besseren Durchlüftung nur locker aufgesetzt.

Der fertige ammoniakfreie Kompost wird nun in etwa 15 cm dicker Schicht in den Graben gebracht und an der Nordseite des Hügels hochgeschichtet, anschließend leicht angeklopft und dann mit Düngerbrut gespickt oder vor dem Anklopfen mit Körnerbrut (150 g/m^2 Beetfläche) gemischt, anschließend noch leicht mit etwas Brut überstreut und dann angedrückt. Nach dem Spikken wird zum Schutz gegen Austrocknung eine 2 bis 3 cm dicke, feuchte, gut krümelige Erdschicht (pH-Wert 7,5) über den Kompost gebracht, nur leicht überbraust, so daß kein Wasser in den Kompost durchsickert und alles mit einer dünnen Folie zugedeckt, damit die im Kompost entstehende Wärme und die Feuchtigkeit gehalten werden.

Nach einigen Wochen ist das Kompostsubstrat vom Pilzmyzel durchwachsen, und die Deckerdeschicht, die aus Torf, Grobsand und Kalk oder Torf, Lehm und Kalk hergestellt wird, kann auf 5 bis 6 cm Dicke erhöht werden. Nach dem Anfeuchten der Erde wird die Folie wieder aufgelegt, bis das Myzel auch in diese Erdschicht eingewachsen

Champignonkultur in Plastiksäcken.

ist. Danach muß die Kultur ohne Bedekkung bleiben, um die Fruchtkörperbildung anzuregen.

Sackkultur
Für Pilzliebhaber, die gerne selbst Champignons anbauen wollen, denen aber das Kompostieren zu viel Arbeit bereitet, bleibt die Möglichkeit, eine Sackkultur anzulegen. Es gibt mehrere große Kompostierbetriebe, die in Plastiksäcken Champignonkompost verkaufen, der bereits kompostiert, pasteurisiert und mit Pilzbrut gespickt ist. Die gefüllten Säcke haben etwa 50 cm Durchmesser und eine Substrathöhe von 30 bis 40 cm. Diese Säcke kann man in den Keller, in die Garage oder in einen Schuppen legen, oder man senkt sie im Garten an einem schattigen Platz halb in den Boden ein.

Wenn das Substrat von weißem Pilzmyzel gut durchwachsen ist, bringt man die zumeist mitgelieferte feuchte Deckerde etwa 5 cm dick gleichmäßig über das Substrat. Nun wird die Deckerde nochmals gut durchnäßt, aber nicht so reichlich, daß das Wasser in das Kompostsubstrat hineinläuft. Der obere Teil des Plastiksacks wird nun wieder lose auf die Oberfläche der Deckerde gelegt. Wenn nach einiger Zeit auf der Erde feines, weißes Myzel erscheint, wird der Sack bis zur Erdhöhe zusammengerollt und erhält dadurch eine gewisse Festigkeit. Jetzt wird die oberste Erdschicht etwas aufgelockert, um eine krümelige Oberfläche zu bekommen und, wenn die Erde schon etwas angetrocknet sein sollte, leicht überbraust. Anschließend muß für die Fruchtkörperbildung viel Frischluft gegeben werden. Erst wenn etwa erbsengroße Fruchtkörper gebildet sind, wird kräftig gegossen, damit die nun schnell wachsenden Pilze gut mit Wasser versorgt sind. Bei der Ernte werden die Fruchtkörper aus der Erde gedreht und dann die Erde vom Stiel entfernt. Bei einer Temperatur von etwa 18 °C kann man jede Woche mit einer Ernte rechnen.

Träuschlingskultur

Der Riesenträuschling ist nicht nur in Europa, sondern auch in Asien und Amerika bekannt. Erwerbsmäßig wird er erst in wenigen Betrieben in Kulturräumen oder als Sommerkultur in Frühbeeten und im Freiland angebaut. 1986 wurde allerdings in den Niederlanden zur Förderung des Träuschlingsanbaues in klimatisierten Räumen eine Preisgarantie für die Anlieferer an den Versteigerungen gegeben. Bisher ist der Träuschling aber in erster Linie für den Liebhaberanbau interessant.

Man kann diesen Pilz, ähnlich den Gemüsekulturen, in Beeten und Frühbeetkästen heranziehen, um vom Sommer bis zum Herbst davon ernten zu können, oder man kann ihn an geeigneten Plätzen des Gartens im Schatten von Sträuchern oder Hecken zur Bereicherung des Pilzsortiments ansiedeln.

Zunächst wäre der Anbau in Beeten zu erörtern. Unter Hochstammobst, zwischen den Buschobstreihen oder im Gemüsegarten, im Schatten von Stangenbohnenreihen, werden 40 bis 60 cm breite Beete für die Träuschlingskultur angelegt. Der Beetrand wird um etwa 10 bis 15 cm erhöht, so daß dahinter ein flacher Graben entsteht, um bei starken Regenfällen eine Durchwässerung des Nährsubstrates vom benachbarten Ge-

Stroh mit Pilzmyzel für die Träuschlingskultur.

lände aus zu vermeiden. Hauptbestandteil des Substrates ist Stroh, das vor der Verwendung aufgeschichtet und 3 bis 5 Tage lang dreimal täglich gewässert wird. Ist das Stroh schon etwas älter und bereits feucht, so kann man es sofort verwenden. Das Wasser muß aber schon in die Strohhalme eingedrungen sein, ohne daß eine Zersetzung eingetreten ist; das Stroh sollte noch seine gelbliche Färbung besitzen und nicht bereits verfault oder verwest sein. Bei Verwendung von Strohballen können diese auch 3 Tage in einen Wasserbehälter gelegt werden (Wasser täglich wechseln!).

Das durchfeuchtete Stroh wird nun schichtweise auf die Beetfläche gebracht. Nach jeder Schicht wird gewässert und festgetreten, ehe die nächste aufgebracht wird, so daß ein etwa 30 cm hohes Beet entsteht. Vor dem Aufbringen der letzten Schicht wird die Pilzbrut (Körnerbrut) auf der Oberfläche gleich-

Oben links: In Treibhäusern mit Dächern aus Folie bringen Shii-Take in Japan auch im Winter Erträge.
Oben rechts: Shii-Take an Holzscheiben im Moosgarten.
Unten: Stammstücke, die nach der in Japan üblichen Keilmethode beimpft wurden. Man kann noch einige Impfstellen erkennen.

mäßig verteilt und dann mit Stroh bedeckt und angetreten. Das Beet kann auch erst fertiggestellt und anschließend wie beim Champignonanbau mit einzelnen Brutstücken, die man 5 bis 110 cm tief einbringt, bespickt werden. Dann wird das Beet mit einer Kunststoffolie bedeckt, um Feuchtigkeit und Wärme festzuhalten. Sollte durch sehr warme, trockene Witterung doch ein Austrocknen zu befürchten sein, so ist höchstens ganz leicht oberflächlich zu übersprühen, da durch Wässern das Myzelwachstum gestört würde. Besser ist eine gute Schattierung durch Strohmatten oder aufgelegte Nadelholzzweige.

Bei guter Durchfeuchtung des Substrates und einer Temperatur von etwa 25 °C wird sich von der Brut aus das Pilzmyzel schnell durch das ganze Beet ausbreiten und dieses mit einem dichten, weißen Fadengeflecht durchziehen. Der erhöhte Kohlensäuregehalt unter der Folie begünstigt auch das Myzelwachstum. Nach 6 bis 7 Wochen wird bei günstiger Witterung das Substrat durchwachsen sein, so daß die weißen Pilzfäden bis zur Oberfläche hin sichtbar werden. Nun ist der Zeitpunkt gekommen, die Folie zu entfernen und das Stroh mit einer Erdschicht zu bedecken, um hierdurch die Bildung von Fruchtkörperanlagen anzuregen. Die Erdschicht muß direkt auf das gut durchwachsene Substrat gebracht werden, damit das Myzel unmittelbar von einer Schicht in die andere weiterwachsen kann. Falls also trockenes Stroh an der Oberfläche liegt, muß es zuvor entfernt werden. Die Deckerde sollte etwa 4 bis 6 cm hoch aufgebracht werden; je durchlässiger die Erde für Wasser ist, desto höher muß die Schicht sein. Da die Erde eine gute Aufnahmefähigkeit für Wasser haben, aber auch eine gute Bodenbelüftung gewährleisten soll, ist ein hoher Humusanteil (im allgemeinen als Torf) wünschenswert. Eine Mischung von Torf mit der im Garten vorhandenen oberen Erdschicht im Verhältnis 1 : 1 oder ein Zusatz von Lehm oder Komposterde, die nicht kalkhaltig sein sollte, scheint daher geeignet. Vor dem Bedecken des Substrates mit Erde sollte diese mit Wasser gesättigt sein. Sie sollte ständig feucht gehalten werden, ohne daß Wasser in die vom Myzel durchwachsene Substratschicht durchläuft und das Pilzwachstum schädigt. Wenn auch für reichlich Feuchtigkeit gesorgt werden muß, so sollte auf jeden Fall zuviel Nässe verhütet werden. Falls keine ausreichende Beschattung der Beete gegeben ist, wird man auch nach dem Aufbringen der Erdschicht weiterhin mit Nadelholzzweigen oder ähnlichem Material Schutz gegen Austrocknen geben. Als Schutz gegen starke Regengüsse kann in 40 cm Höhe eine Folie über dem Beet angebracht werden. Eine ungehinderte Belüftung muß auf jeden Fall gesichert sein.

Oben: In Japan wird der Pilz Ganoderma lucidum auf Sägemehlsubstrat kultiviert. Unten: Pilze können auf Holzscheiben vorkultiviert und dann auf dem Fensterbrett aufgestellt werden.

Nach weiteren 5 bis 6 Wochen können die ersten Fruchtkörper erscheinen. Im allgemeinen beginnt der Ansatz wie bei den Champignons am Beetrand, eventuell sogar dicht neben dem Beet. Mit einer durchgehenden Ernte ist nicht zu rechnen. Im allgemeinen erscheinen die Fruchtkörper in Wellen, die bei ungünstiger Witterung aber auch ausbleiben können. Obwohl das Myzel den Winter überdauert, sollte man im nächsten Frühjahr (Mai bis Juni) wieder neue Beete anlegen. Da bei der üblichen Kultur erst im Sommer mit der ersten Ernte zu rechnen ist, kann auch eine Herbstkultur angelegt werden. Hierzu wird frisches Stroh Ende August gewässert und Anfang September beimpft. Anfang bis Mitte Oktober wird Deckerde aufgebracht. Dann legt man im November einen Frostschutz aus einer Folie und einer darübergeschütteten Strohschicht an, der erst Ende März bis Anfang April entfernt wird. Mit der Ernte ist ab Ende April zu rechnen.

Anstelle der Beete, die ja auf dem Boden und nicht in Gräben angelegt werden und daher außen leichter eintrocknen oder sogar zerfallen können, wenn nicht gut angehäufelt wurde, können auch Holzkisten (oder nur ein Holzrahmen) mit 30 bis 40 cm Wandhöhe verwendet werden. In diesen Kisten gestaltet sich der Schutz gegen Sonneneinstrahlung, Wind und Feuchtigkeit leichter als bei den Beeten. Beim Auflegen der Folie nach dem Spicken mit Pilzbrut sollte zwischen dieser und der Strohschicht ein Abstand von etwa 10 cm als Luftraum bleiben. Vor allem sind dann auch Schutzmaßnahmen gegen Schneckenbefall leichter durchzuführen. Wenn das Holz gut imprägniert ist, halten die Kisten einige Jahre. Wenn man als Bodenersatz einige Stützbretter und eine Bespannung mit Maschendraht verwendet, ist eine Verbindung mit dem gewachsenen Boden gegeben. Nach der gleichen Methode wie bei der Beetkultur ist eine Nutzung der Frühbeetkästen nach dem Abernten des frühen Treibgemüses leicht möglich.

Bei der Ansiedlung des Träuschlings im Wohngarten und unter Hecken ist eine Beetkultur nicht möglich. Hier werden an Schattenstellen, z. B. unter Brombeerhecken und Sträucherrabatten, etwa 30 cm tiefe Gruben ausgehoben, etwa 5 cm hoch wird Torf aufgeschichtet und darüber ein Strohsubstrat wie bei der Beetkultur gebracht. Anstelle von Stroh kann man aber auch eine Mischung von abgetragenem Champignonkompost mit altem Stroh verwenden. Das Substrat wird beimpft oder mit dem tintenblauen Waschwasser von geernteten Träuschlingen, das reichlich Sporen enthält, übergossen, nach 4 bis 5 Wochen mit humusreicher Gartenerde bedeckt, und danach wird eine Schicht von verrottetem Laub darüber gebracht. Wenn das von den Sträuchern fallende Laub nicht entfernt oder eingegraben wird, liefert diese Laubdecke ständig neuen Humus.

Seit einigen Jahren werden für die Kultur der Träuschlinge an Stelle der Beete meist Strohballen verwendet. Die Ballen werden 2 bis 3 Tage in einem Wasserbehälter oder in einer mit Kunststoffolie ausgelegten Grube gewässert. Nachdem sie einem Tag lang abtropfen konnten, wird der Ballen beimpft. Meist wird hierfür Strohbrut verwendet, die man in etwa walnußgroße Stücke zerbricht. Auf beiden Seiten des Ballens

Beimpfung der Schnittfläche mit Getreidekörnerbrut.

Aufnageln der Deckscheibe.

bohrt man 8 etwa 10 cm tiefe Löcher mit einer spitzen Stange, einem Harkenstiel, Pflanzholz o. ä. und drückt in die Löcher die Pilzbrut (pro Ballen etwa die Hälfte einer der üblichen Brutpackungen [= 0,5 l]). Nun wird der Ballen an seinen vorgesehenen Platz, an dem er Kontakt mit dem Erdboden hat, im Halbschatten neben Sträuchern oder unter Bäumen aufgestellt. Über den Ballen legt man zum Schutz gegen zu starken Regen eine gelochte Plastikfolie. Wenn längere Zeit die Witterung sehr sonnig und trocken war, wird der Ballen kräftig gegossen. Nach dem Erntebeginn (bei Anlage im Mai nach etwa 2 Monaten) wird man die Folie als Schutz gegen starke Regengüsse in etwa 40 cm Höhe über dem Ballen anbringen. Auch bei der Kultur auf Strohballen können Frühjahrs- und Herbstkulturen durchgeführt werden. Auch eine Winterkultur in einem geheizten, feuchten, lichten Keller ist möglich. Geerntet werden die Träuschlinge, wenn der Hut sich zu öffnen beginnt.

Kultur holzbewohnender Pilze

Im Hausgarten lassen sich besonders einfach holzbewohnende Pilze anbauen, da hierfür kein spezielles Substrat benötigt wird, sondern lediglich geeignetes Holz zur Verfügung stehen muß. Holz ist zu niedrigen Preisen leicht erhältlich und schon gleich nach der Beschaffung der benötigten Stämme kann mit der Beimpfung begonnen werden. Auch Brut von mehreren holzbewohnenden Pilzen ist zur Zeit im Handel erhältlich, somit ist eine eigene Myzelvermehrung nicht notwendig. Ein Beispiel soll hier beschrieben werden. Bei den verschiedenen Pilzarten sind bei der Kultur lediglich die besonderen Ansprüche an bestimmte Holzarten und klimatische Verhältnisse zu berücksichtigen.

Am häufigsten wird die Kultur an Stammstücken verwendet. Hierfür wird gesundes Holz benötigt, das aber von Stämmen genommen werden sollte, die für die holzverwertende Industrie aufgrund von Wuchsfehlern u. a. nicht als Qualitätsholz verwendet werden kann und daher billig zu kaufen ist. Altes Holz ist nicht brauchbar, da es entweder schon völlig ausgetrocknet oder oft bereits von anderen Pilzarten befallen ist. Am besten nimmt man im Winter geschlagenes Holz, das im Wald 1 bis 3 Monate halbschattig gelagert wurde. Sollte es schon etwas zu trocken sein, so muß es vor der Beimpfung 1 bis 2 Tage lang gewässert werden. Die Stämme sollten einen Durchmesser von 10 bis 25 cm haben, weil dünne Stämme einen größeren Anteil von Splintholz besitzen, das der Pilz schnell verwertet, und weil zu dicke Stämme sich wegen ihres hohen Gewichtes schlecht transportieren lassen. Der Hobbygärtner wird eher einen geringeren Ertrag in Kauf nehmen, als daß er zu schwere Klötze im Garten umhertragen muß.

Die meisten Holzpilzarten gedeihen nur auf Laubholz, fast alle Holzarten eignen sich, auch das Holz gerodeter Obstbäume. Wer schnell hohe Erträge erzielen will, auch wenn hierdurch die Kulturdauer bereits nach 3 Jahren beendet ist, verwendet am besten Pappel oder Birke. Wer die Kultur recht lange am gleichen Platz stehen lassen will, wird am längsten bei Eichenholz ernten können, wenn auch im ersten Jahr die Ernte nur minimal ausfallen wird. Meist wird Holz verwendet, das durchschnittliche Erträge über etwa 5 Jahre bringt, wie Buchen- oder Kirschenholz. In meinem Garten verwendete ich außer den genannten Laubholzarten Birne, Apfel, Hainbuche, Ulme, Linde, Esche, Erle, Kastanie, Eberesche, Akazie, Holunder und Ahorn sowie als Nadelholzarten Fichte und Kiefer.

Die Beimpfung der Hölzer mit Pilzmyzel geschieht am besten von Ende März bis Mitte Mai bei trockenem, mildem Wetter, zumal man dann auch im Freien arbeiten kann. Zunächst werden die Stämme auf Längen von 45 bis 50 cm geschnitten. Dann baut man sich einen Impfplatz, auf dem die fertigen Klötze gestapelt sind, Sägebock und Säge bereitliegen, ein größeres Gefäß mit Wasser vorhanden ist und ein trockener Platz für Hammer, Nägel und Pilzbrut zur Verfügung steht. Nun wird von den Stammstücken jeweils eine 3 bis 5 cm dicke Scheibe abgesägt. Dünnere Scheiben würden beim Durchschlagen der Nägel platzen, für dickere Scheiben benötigt man zu lange Nägel, die man bei hartem Holz auch oft sehr schwer durch die dicken Scheiben hindurchschlagen kann. Hierauf taucht man die Schnittstellen von Stammstück und Scheibe kurz in den Wasserbehälter, stellt das Holz auf, streut auf die frische Schnittstelle am Rand etwas Sägemehl, um das Herunterfallen der Brut zu verhindern, und verteilt die Pilzbrut (etwa 30 bis 40 g je Klotz) über die gesamte Schnittfläche. Bei dickeren Hölzern muß besonders das äußere Splintholz beimpft sein, da hier das Myzel besser eindringt als in das Kernholz der Stammitte. Anschließend schlägt man einen Nagel durch die Mitte der abgeschnittenen Scheibe so tief hindurch, daß der Nagel auf der Unterseite etwas hervorragt, legt die Scheibe auf das mit Brut bedeckte Stammstück und nagelt sie fest auf, so daß die Brut nicht seitlich herausfallen kann. Will man ein schnelles Durchwachsen erreichen, so kann man vor dem Aufbringen der Pilzbrut in die Schnittfläche der Stammstücke zunächst

Pilzkultur auf Stammstücken im Wald.

3 bis 5 Löcher von 5 bis 10 cm Tiefe bohren.

Die beimpften Hölzer werden zum Schutz vor Austrocknung durch starke Sonneneinstrahlung geschützt nebeneinander aufgestellt und nach Beendigung der Beimpfung aller Hölzer zur Miete gebracht.

In früheren Jahren verwendeten wir eine kompliziertere Impfmethode. Hierzu wurden rings um den Stamm 3 bis 5 cm tiefe Löcher in das Holz gebohrt, diese wurden mit Brut gefüllt und dann mit einem passenden Holzstückchen verschlossen.

Das Bohren der Löcher ist aber recht mühsam, und die Angriffsfläche für das Pilzmyzel ist sehr gering. Selbst bei Verwendung eines elektrischen Bohrgerätes müssen die Löcher meist zweimal gebohrt werden, um ein möglichst großes Bohrloch zu erhalten. Da das Pilzmyzel in den senkrecht im Stamm verlaufenden Leitungsbahnen weiterwächst, ist das Bedecken der gesamten Schnittfläche mit Brut am erfolgreichsten. Die Beimpfung von Bohrlöchern wird bei Verwendung langer Stammstücke, die als Pyramide zusammengestellt oder an einen Stamm gelehnt wurden, vorgenommen. Man kann sie auch zur Eingruppierung in Gehölze- oder Farngruppen durchführen, da bei Hölzern von einigen Metern Länge das Pilzmyzel nicht die ganze Länge schnell durchwächst. Zu diesem Zweck eignet sich allerdings auch eine Keilmethode gut. Man schneidet lange Stammstücke alle 20 cm waagerecht 3 bis 4 cm tief ein, setzt die Säge dann 6 cm tiefer an und schneidet zur ersten Schnittfläche hin ein Keilstück heraus. Auf die angefeuchtete Schnittfläche im Stamm bringt man etwas Sägemehl und Brut, feuchtet den Keil ebenfalls an und fügt ihn wieder ein. An der Impfstelle wickelt man mehrmals um den Stamm einen Streifen Folie, unter deren Schutz das Pilzmyzel in das Holz einwachsen kann. Nach etwa 3 Monaten ist der Keil durch das Pilzmyzel wieder mit dem Stamm verbunden, und die Folie wird entfernt.

Lange Stämme beimpft man am besten mit der Keilmethode.

Anstelle dieser Keilmethode kann man auch das Stammstück an einigen Stellen mit einer Motorbaumsäge 3 bis 5 cm tief einschneiden, in die Schnittstelle Brut einbringen und sie mit einer Folie verschließen.

In Japan arbeitet man beim Shii-Take-Anbau nach folgender Methode: Es werden etwa 2 cm tiefe Löcher in die Hölzer gebohrt und mit dem Hammer etwa 1 cm breite, 2 cm lange konische Keile, die von Pilzmyzel durchwachsen sind, hineingeschlagen; anschließend wird mit etwas Baumwachs abgedichtet. Vor der Beimpfung werden die Hölzer im Sommer einen Tag lang bei Wassertemperaturen von 15 bis 18 °C, im Winter 2 bis 3 Tage lang bei 10 bis 15 °C in ein Wasserbad gelegt, um sie mit Feuchtigkeit zu sättigen.

Für ein gutes Myzelwachstum erweist sich ein Wassergehalt des Holzes von etwa 70 % am günstigsten. Der höchste Ertrag wird im zweiten und dritten Jahr nach der Beimpfung erzielt, wobei der Feuchtigkeitsgehalt des Holzes bei 60 % liegt.

Nach der Beimpfung der Stammstücke muß für ein gutes Durchwachsen des Holzes mit Pilzmyzel gesorgt werden. Dafür sind hohe Feuchtigkeit und Wärme notwendig. Aus diesem Grunde hebt man im allgemeinen an nicht zu sonniger Stelle eine Grube aus, in der die Pilzhölzer dicht an dicht aufgestellt werden. Je mehr Hölzer beisammen stehen, um so besser ist die Myzelbildung, da sich beim Wachstum des Myzels Wärme entwickelt und bei guter Abdichtung der Miete auf diese Art eine natürliche Erwärmung eintritt.

Da man für den Hausgarten meist nur wenige Stammstücke beimpft, wird die Grube etwa 50 cm tief sein, bei größeren Mengen werden jeweils 3 Hölzer übereinander gestapelt, so daß die Grube etwa 1,50 m tief sein muß. Auf den zuvor angefeuchteten Boden wird etwas Brut verstreut, dann werden die beimpften Hölzer nebeneinander aufgestellt, nochmals angefeuchtet und von oben mit etwas Brut bestreut. Sodann breitet man eine dünne Folie über die Hölzer, und über die Grube werden Bretter oder Latten gelegt und als Schutz gegen Austrocknung und Wärmeverlust mit Erde, Laub, Stroh oder Tannenreisig bedeckt. Bei sehr warmer und trockener Witterung muß die Grube geöffnet und nochmals angefeuchtet werden. Das Pilzmyzel durchwächst nun das Holz so intensiv, daß sich etwa 3 bis 4 Monate

Die beimpften Hölzer werden unter Folie und Zweigen eingemietet.

Beimpfte Hölzer in einer Miete.

später, wenn die Hölzer herausgenommen werden, die einzelnen Stammstücke oft nur noch mit Gewalt voneinander trennen lassen.

Das Ausheben einer Grube ist bei ungünstigen Bodenverhältnissen schwierig, ja manchmal unmöglich. In diesem Fall hebt man den Boden nur etwa 20 cm tief aus, stellt in diese flache Grube die vorher angefeuchteten Hölzer dicht aneinander, streut etwas Brut darüber und bedeckt sie mit einer Folie. Anschließend wirft man den Aushub der Grube und die Erde aus einem rings um die Grube ausgehobenen, etwa 10 cm tiefen Graben außen gegen die mit Folie bedeckten Hölzer, damit die Folie festliegt. Zum Schutz gegen Austrocknung und Wärmeverlust deckt man darüber am besten noch alte Torf- oder Düngersäcke, und als oberste Schicht folgen Laub- oder Nadelholzzweige. Wenn nur wenige Hölzer beimpft werden, genügt es, wenn man diese nach der Beimpfung gut anfeuchtet, sie zum Beispiel in einen Torfsack aus Folie einlegt und diesen in einem Keller, einer Garage oder einem sonstigen Raum, der eine Temperatur von mindestens 12 °C hat, aufstellt.

Im allgemeinen wird man die Stammstücke so aufstellen, daß die aufgenagelte Scheibe oben liegt, um einer eventuell auftretenden Infektion vom Boden her vorzubeugen. Meist dringt das Myzel aber so schnell in das Holz ein, daß diese Gefahr nicht besteht. Normalerweise besteht kein Unterschied gegenüber Hölzern, die mit der Scheibe nach unten aufgestellt sind, da das Myzel ebenso rasch von unten nach oben wächst wie in umgekehrter Richtung.

In Japan wendet man bei der Shii-Take-Kultur die »Hodayose« (siehe Abbildung Seite 112) an. In der Mitte des für die Miete vorgesehenen Platzes wird ein stabiler Pfahl in den Boden ge-

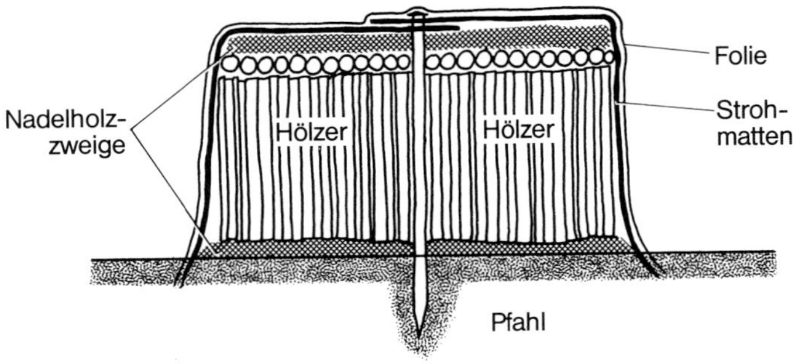

Aus Japan stammt das Verfahren der »Hodayose« (Beschreibung im Text).

Beregnung einer Pilzkultur im Obstgarten.

schlagen. Der Boden wird mit Nadelholzzweigen bedeckt, um Bodenkontakt zu vermeiden. Von allen Seiten werden die etwa 120 cm langen, mit Shii-Take-Brut beimpften Hölzer gegen den Mittelpfahl gelehnt, so daß eine runde, mit Hölzern (etwa 100) bestellte Fläche entsteht.

Nun werden die Hölzer von oben mit Nadelholzzweigen bedeckt. Darüber und an den Seiten befestigt man Strohmatten und bedeckt dann alles mit einer Plastikfolie, die für eine gleichmäßige Temperatur sorgt. So verbleiben die Hölzer, bis das Holz vom Myzel durchsponnen ist.

Die günstigste Jahreszeit für das Aufstellen der Hölzer am endgültigen Platz ist Ende Juli bis Mitte August. Feuchter Boden ist für das schnelle Eindringen des Myzels vom Holz in den darunter liegenden Boden günstig, daher sollte die Anlage nach dem Aufstellen der Hölzer sofort intensiv gewässert werden. Trockenheit verursacht bei dem an hohe Luftfeuchtigkeit gewöhnten Myzel Schäden in den äußeren Holzschichten. Als Standplatz sollte man daher einen schattigen Platz mit reichlich Feuchtigkeit, am besten mit hohem Grundwasserstand, auswählen, der aber nicht zu dunkel und möglichst frühmorgens oder nachmittags etwas besonnt ist. Sollte der Boden stark austrocknen, so muß kräftig gewässert werden, wofür eine ausreichende Bewässerungsmöglichkeit vorhanden sein sollte. Pilze benötigen besonders für die Fruchtkörperbildung viel Wasser, weshalb etwa 4 Wochen vor der Zeit, in der die betreffende Pilzart üblicherweise mit der Ausbildung von Fruchtkörpern beginnt, stark bewässert wird. Nach dieser Wassergabe kann man noch an einigen warmen Tagen zwei- oder dreimal für 5 bis 10 Minuten mit einer sehr feinen Düse (Sprühnebeldüse) die Luftfeuchtigkeit steigern. Vor allem in der Zeit, in der die Fruchtkörper etwa erbsengroß sind, benötigen die Pilze viel Wasser.

Je Quadratmeter werden etwa 4 Stammstücke aufgestellt, wobei für die bessere Bearbeitung der Reihenabstand etwas größer sein sollte als der Abstand in den Reihen. Zum besseren Kontakt mit dem Boden werden die Hölzer etwa 20 cm tief in ihn eingesenkt. Dann beträgt die Höhe der Stammstücke über der Erde noch etwa 30 cm, was ausreicht, um Verunreinigungen der Pilzunterseite mit Erdteilchen bei starkem Gewitterregen zu verhüten. Eine Verbesserung des Bodens vor dem Einsetzen der Hölzer mit Torf oder altem Kompost ist dann geeignet, seine Aufnahmefähigkeit für Wasser zu erhöhen. Falls die Stammstücke unter Obstbäumen aufgestellt sind, braucht man bei einer Düngung des Bodens keine Beeinträchtigung des Pilzwachstums zu befürchten. Einige Pilzarten entwickeln ein starkes Bodenmyzel, das auch Nährstoffe aus dem Boden aufnimmt. Besonders ausgeprägt ist dies beim Stockschwämmchen, das ohne Bodenkontakt wesentlich geringere Erträge bringt. Allerdings tritt bei starker Bodenmyzelbildung auch nach einigen Jahren Bodenmüdigkeit auf. Aus diesem Grund sollten nach Beendigung der Kultur am gleichen Platz einige Jahre lang keine holzbewohnenden Pilze angebaut oder zumindest Hölzer mit anderen Pilzarten aufgestellt werden (Fruchtwechsel). Graswuchs und Unkraut schädigen das Pilzwachstum nicht.

Bei Verwendung langer Stämme ist das Einlegen in Gruben meist nicht möglich, so daß man die beimpften Hölzer am besten dicht übereinanderlegt, sie mit einer Folie bedeckt und dann Erde darüber wirft. Nach dem Durchwachsen des Pilzmyzels bringt man sie sofort an den endgültigen Platz. Wenn es zu ermöglichen ist, wird man sie zu einem Drittel bis zur Hälfte in die Erde legen, damit eine dauernde Versorgung mit Bodenfeuchtigkeit gegeben ist. An einem schattigen Standort und bei zeitweiliger Befeuchtung kann sich das Pilzmyzel aber auch ohne Kontakt mit dem Boden oft jahrelang halten und Fruchtkörper bringen. Besonders bei dicken Stämmen hält sich das Myzel bei Trockenheit im Innern der Stämme und durchwächst in Regenperioden wieder das Holz, um an seiner Oberfläche Fruchtkörper zu bilden.

Neben der Kultur auf Stammstücken können auch Äste und Zweige als Nahrungsquelle der Pilze verwendet werden. Zu diesem Zweck werden aus Zweigen 20 bis 30 cm dicke Bündel angefertigt und etwa 1 m hoch übereinandergehäuft. Zwischen die Bündel streuen wir Körnerbrut oder bringen zwischen sie beimpftes Stroh, wie es für die Kultur in Beeten oder in Kulturräumen verwendet wird. Die Reisigstapel werden gut angefeuchtet, eine Folie darüber gelegt und der Stapel mit Laub oder Zweigen zugedeckt. Ende August bis September wird die Folie abgenommen, damit sich Fruchtkörper bilden können.

In Kulturräumen lassen sich einige holzbewohnende Arten auch auf Stroh anbauen. Ähnlich wäre ein Anbau auf Freilandbeeten – wie beim Träuschlingsanbau – möglich. Um ein besseres Durchwachsen zu erreichen, sollte man hierfür gehäckseltes Stroh, das mit etwas Sägemehl durchmischt ist, verwenden. Eine Erdbedeckung ist für die Fruchtkörperbildung nicht notwendig. Aber eine zu starke Durchnässung des Nährsubstrates muß verhindert werden. Daher sollte das Beet dachartig angelegt sein, so daß das Wasser ablaufen und möglichst mit einer Folie als Regenschutz überdacht werden kann. Man kann auch in Plastikbeuteln Stroh von Pilzmyzel durchwachsen lassen und dann die so entstandenen Blöcke nach Entfernen der Folie nebeneinander im Garten aufstellen. Der Anbau auf Stammstücken scheint allerdings empfehlenswerter, da man hier von einer Anlage 5 Jahre lang ernten kann, während man die Beetkultur nach einigen Monaten wieder neu anlegen muß.

Erwähnt werden muß auch die Beimpfung von Baumstubben, die wahrscheinlich die älteste Kulturmethode darstellt. Ursprünglich wurden Sporen auf die Stubbenoberfläche gebracht und mit einer Axt eingehackt. Dann wurde die Oberfläche mit Moos oder Rasensoden bedeckt. Seit Jahrzehnten ist geeignete Pilzbrut im Handel, die bessere Erfolge verspricht. Man bringt daher auf

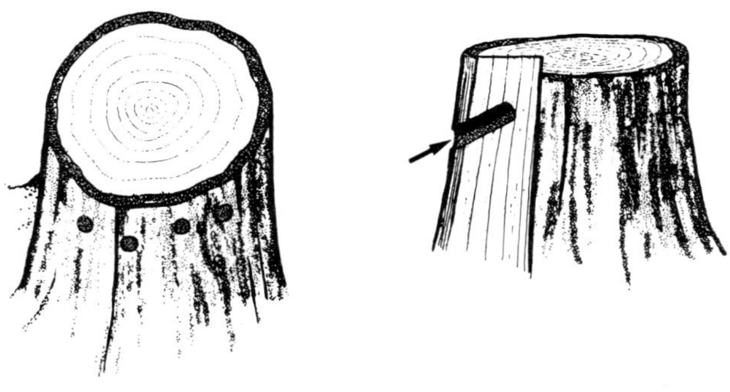

Bohrlöcher zur Beimpfung von Baumstümpfen.

die Oberfläche eine Schicht Pilzbrut, bestreut diese mit Sägemehl und legt darüber Baumrinde oder Folie, die mit Erde oder Rasen beschwert wird. Besser ist es allerdings, wenn zunächst eine 3 bis 5 cm dicke Scheibe abgesägt und nach dem Aufbringen der Brut wieder aufgenagelt wird. Damit man mit weniger Brutmaterial auskommt und keine allzu große Schnittfläche erhält, wird aus den Stubben ein Teilstück herausgeschnitten, die Innenfläche mit Brut belegt und das Teilstück wieder aufgenagelt. Auch hier ist ein Schutz des Impfstückes notwendig, um ein Austrocknen des Holzes zu verhüten. Das Einbohren von etwa 5 cm tiefen Löchern, Füllen mit Brut und Verschließen der Öffnung mit Moos läßt sich wohl nur da durchführen, wo man mit Hilfe eines Stromkabels eine Elektrobohrmaschine einsetzen kann. In diesem Fall sollen die Bohrlöcher schräg nach oben gebohrt werden, um das Eindringen von Regenwasser zu verhindern. Um eine Austrocknung der beimpften Stubben zu vermeiden, ist ein Schutz gegen starke Sonneneinstrahlung notwendig.

Holzbewohnende Pilze auf Stroh

Will man in geschlossenen Räumen (Keller, Schuppen o. ä.) Pilzkulturen anbauen, so ist eine intensive Raumnutzung, möglichst in mehreren Schichten übereinander, erwünscht. Hierfür können Stellagen, in denen wie beim erwerbsmäßigen Champignonanbau mehrere Kulturbeete übereinander liegen, verwendet werden. Es können auch mit Folien ausgelegte Kisten in mehreren Schichten gestapelt werden, wobei die offene Seite der Kiste jeweils zu einem Arbeits- oder Erntegang hin zu liegen kommt. Auch Flaschen oder Plastikbeutel können reihenweise aufeinander gelegt und vom Gang aus beerntet werden. Für diese Art der Nutzung sind anstelle der Stammstücke die Kulturen auf Nährsubstraten heranzuziehen. Aber auch für den Anbau im Garten kann die Kultur auf Substraten vorteilhaft sein, da man hiermit kurzfristig Erträge erzielen kann.

Hauptbestandteil der Substrate sind in erster Linie Stroh oder Sägespäne. Da die Beschaffung von Stroh verhältnismäßig einfach und preiswert und die Kultur vieler holzbewohnender Pilzarten darauf möglich ist, wird es in großem Maße hierfür verwendet. Um ein Substrat von möglichst gleichmäßiger Konsistenz, Feuchtigkeit und Durchlüftung zu erhalten, ist es günstig, die Halme in Stücke von 1 bis 3 cm Länge zu zerschneiden (Häckseln). Zusätze organischer Stoffe wie Sojabohnenmehl, Rizinusschrot, Melasse, Baumwollsaatmehl u. a. können den Ertrag erhöhen. Als Beispiel sollen hier lediglich zwei Methoden für die Kultur von Austernseitlingen auf Stroh dienen (siehe auch Seite 129 f.).

Gehäckseltes Stroh wird in Eimer, Container o. ä. bis zum oberen Rand gefüllt, und es wird soviel Wasser darauf gegossen, daß das Stroh vollkommen bedeckt ist (eventuell ein Brett oder einen Stein zum Beschweren auflegen). Nach 24 Stunden wird das Wasser abgegossen und das Stroh zum Abtropfen auf eine Plastikfolie geschüttet. Nach weiteren 12 bis 24 Stunden wird das Stroh gut mit Körnerbrut (3 %) vermischt und dann in gelochte Plastiksäcke gefüllt und gut angedrückt. Ein Sack von

60 x 100 cm hat rund 30 bis 40 Löcher von 10 mm Durchmesser. Die Säcke werden bei 20 bis 25 °C an einem dunklen Platz aufgestellt, bis das Stroh vom Pilzmyzel dicht durchwachsen ist.

Nach etwa 3 bis 4 Wochen, je nach Raumtemperatur, werden die weiß durchwachsenen Säcke in einem hellen, luftigen Raum oder an einem halbschattigen bis schattigen Platz im Garten aufgestellt. In Kulturräumen wird die Temperatur je nach Seitlingsart bei 15 bis 25 °C gehalten. Die Fruchtkörper wachsen nun bei Verwendung geeigneter Sorten in Büscheln oder auch einzeln durch die Löcher. Die ausgewachsenen Pilze können schon nach einigen Tagen geerntet werden. Wo sich die Fruchtkörperanlagen in größerer Entfernung von den Löchern hinter der Folie bilden, kann man mit einem Kreuzschnitt durch die Folie das Herauswachsen ermöglichen. Der Plastiksack verhindert größere Feuchtigkeitsverluste des Substrates, so daß die Bewässerungsarbeit stark verringert wird, was gegenüber den Methoden mit ungeschütztem Stroh viele Vorteile bringt, zumal auch eine Verbesserung der Fruchtkörperqualität erzielt wird.

Die Kultur von Seitlingen auf Stroh kann auch ähnlich wie bei der Träuschlingskultur (Seite 101 ff.) auf Strohballen durchgeführt werden. Hierfür sollen die Ballen zunächst eine Gärung durchlaufen. Die ganzen oder auch nur halben Ballen werden in einen schwarzen Plastiksack gesteckt. Man füllt soviel Wasser ein, daß das Stroh ganz bedeckt ist. Die Säcke werden im Halbschatten auf ebenem Boden gelagert. Sollte der Wasserspiegel im Sack sinken, muß nachgefüllt werden. Wenn sich nach einigen

Sackkultur von Seitlingen im Kulturraum.

Tagen das Stroh verfärbt, wird das Wasser abgelassen, den Ballen läßt man abtropfen. Nun werden wie bei der Träuschlingskultur auf der Ober- und der Unterseite je 6 bis 8 Löcher 8 cm tief in das Stroh gestoßen und für jeden Strohballen etwa 1 l Körnerbrut eingeimpft. Danach packt man den Ballen in eine dünne schwarze Folie ein, in die zur Belüftung 10 bis 20 Löcher gestoßen werden. Bei einer Temperatur von 15 bis 20 °C ist das Stroh in etwa 4 Wochen vom Myzel durchwachsen. Dann wird die Folie abgenommen und der Ballen an seinen endgültigen Platz gebracht. Regenschutz durch eine 40 bis 60 cm über den Ballen angebrachte Folie ist sinnvoll, wenn die Ballen im Garten aufgestellt werden. Nach 3 bis 4 Wochen erscheinen die ersten Pilze.

Mit Trüffeln beimpfter Eichensämling.

Kultur von Mykorrhizapilzen

Zahlreiche Pilzarten wachsen in Lebensgemeinschaften mit höheren Pflanzen. Sie können nur Fruchtkörper bilden, wenn sie der Pflanze, mit der sie in Symbiose leben (siehe auch Seite 15 f. und 18 f.), bestimmte Stoffe entziehen können. Da über diese für die Fruchtkörperbildung benötigten Stoffe noch keine exakten Kenntnisse vorliegen, ist man bei der Kultur dieser Arten gleichzeitig zur Kultur der entsprechenden Symbiosepartner gezwungen.

Gewiß wurden in Flüssigkulturen durch Zusatz von Serin, Pectin, Thiamin, Theophyllin und Cyclic 3',5'-AMP bei *Boletus edulis* (Steinpilz) einige Erfolge erzielt; für eine Kultur dieser Pilze im üblichen Sinne reicht dies aber noch nicht aus.

Es ist also noch notwendig, für die Kultur der hierzu ausersehenen Pilzarten zunächst die geeigneten Partner zu suchen. In sterilem Boden muß deren Aussaat durchgeführt werden und anschließend das Myzel der betreffenden Mykorrhiza-Art an die noch keimfreie Wurzel des Sämlings gelangen. Hierfür gibt es in der Praxis bereits verschiedene Methoden.

1. Trüffel *(Tuber melanosporum)*
Schon im Altertum waren Trüffel wegen ihres kräftigen Aromas sehr geschätzt und wurden in den Wäldern gesammelt. Erst in den letzten 150 Jahren kam eine Semikultur (Halbkultur) dieser Pilzart auf. Man grub unter Eichen, unter denen Trüffeln gefunden wurden, Eichensämlinge aus und pflanzte sie in Anlagen wie Obsthalbstämme. Die Wurzeln dieser Sämlinge waren meist von Trüffel-Myzel umsponnen, so daß am Pflanzort nach Jahren auch wieder Trüffeln geerntet werden konnten. Diese Methode ist zum Teil noch üblich und man verwendet möglichst Sämlinge von den Plätzen, an denen besonders gute Ernten vorkamen und gute Qualität gefunden wurde.

Heute wird bei der Anzucht von Jungpflanzen gezielter gearbeitet. Bei der Auswahl der Eichen richtet man sich nach Aufbau und Ansprüchen der Mutterpflanze an Boden und Klima und man beabsichtigt, künftig eine vegetative Vermehrung der geeignetsten Mutterpflanzen durchzuführen. Auch bei den Fruchtkörpern der Trüffeln wird eine Auslese durchgeführt, um geeignete Zuchtstämme zu erhalten. Bisher hat man die Eicheln oder Haselnüsse in Trüffelkulturen unter Produktionsbäumen gesammelt, desinfiziert und steril auskeimen lassen. An die Wurzeln der Keimlinge wurden unter sterilen Verhältnissen reife Sporen von Trüffeln, die zuvor einige Monate bei Temperaturen von wenig über 0 °C gelagert wurden, gebracht. Sie keimten dort, und das Myzel ging mit den Wurzeln eine Symbiose ein. Später wurden die Sämlinge in mit desinfizierter Erde gefüllte Töpfe gepflanzt und bis zur Pflanzung in Treibhäusern kultiviert. Teilweise wurden auch von Bäumen, unter denen reichlich Trüffeln gefunden wurden, Wurzeln entnommen, die dicht von Mykorrhizamyzel umsponnen waren. Die frischen Wurzeln wurden vor dem Eintopfen von Eichen- oder Haselnußsämlingen dicht zwischen deren Wurzeln gebracht, um so ein Hinüberwachsen des Trüffelmyzels zu ermöglichen. Die Jungpflanzen wurden, wenn sie den Topf durchwurzelt hatten, auf Flächen ausgepflanzt, deren Bodenverhältnisse und klimatische Bedingungen für das Wachstum der betreffenden Eichen- oder Haselnußart und für die Entwicklung von Trüffeln geeignet waren.

Der Anbau sollte nicht in Tälern, sondern am besten an Hanglagen mit schwacher Neigung erfolgen. Eine Boden-Mächtigkeit von 10 bis 30 cm ist erwünscht. Da Trüffeln alkalischen Boden lieben, sollte der pH-Wert nicht weniger als 7,5 betragen. Günstig ist Kalkstein (Sedimentgestein) im Untergrund und ein steiniger Boden. Die Steine speichern Sonnenwärme und geben sie nachts wieder ab; wenn sie dicht an der Oberfläche liegen, verhindern sie ein zu tiefes Eindringen der Sonnenstrahlen und Austrocknen des Bodens. Reichlich Sand macht den Boden durchlässig, und Humus (3 bis 6 %) hält die Feuchtigkeit. Eine gute Krümelstruktur sollte angestrebt werden.

Anlage mit Trüffeleichen.

Trüffelernte.

Trüffelschwein auf der Suche nach Trüffeln.

Ausreichende Niederschläge sind besonders im Juli und August erwünscht, um die Einleitung der Fruchtkörperbildung zu fördern. Notfalls ist in dieser Zeit zu beregnen. Im Spätherbst und Winter kann zuviel Nässe Fäulnis der Fruchtkörper begünstigen. Eine um den Wurzelhals herum aufgebrachte Mulchdecke aus Stroh oder Bedeckung der Oberfläche mit Folie o. ä. hält die Feuchtigkeit.

Heiße Sommer und sehr kalte Winter sind ebenso ungünstig wie ein sehr gleichmäßiges maritimes Klima. Temperaturen, die einige Tage hintereinander unter – 10 °C liegen, können sich sehr schädlich auswirken. Ein mildes Klima ist erwünscht.

Die Pflanzung der beimpften Jungpflanzen erfolgt März bis April oder Oktober bis November. In Frankreich empfiehlt man die Pflanzung von 800 Bäumen je Hektar und spätere Auslichtung, wenn der Boden unter den Bäumen wegen zu starker Beschattung nicht ausreichend durch Sonneneinstrahlung erwärmt wird. Der Boden wird nach dem Winter (insbesondere im März) etwa 15 cm tief gelockert. Nach der Erwärmung des Bodens (Ende Mai) darf lediglich die oberste Bodenschicht noch ganz flach bearbeitet werden.

Da der Boden von den Sonnenstrahlen erreicht werden soll, werden an den Bäumen 50 bis 100 cm hoch alle Äste entfernt und die unteren Äste stärker, die oberen weniger geschnitten, so daß ein umgekehrter Kegel entsteht.

Die Ernte erfolgt etwa ab November, wenn die Fruchtkörper eine schwärzliche Färbung annehmen. Das beste Aroma besitzen sie im Januar und Februar.

Von Juni bis August, zur Zeit der Fruchtkörperinduktion, bilden sich um die Bäume herum sogenannte »verbrannte Zonen« (nicht bei *Tuber aestivum*): Durch Wasserentzug und antibiotische Wirkung des Myzels vertrocknen die meisten der auf diesen Flächen stehenden Pflanzen. Im Boden entwickeln sich hier die Trüffel-Fruchtkörper. Den Platz, an dem sich die Trüffeln im Boden in 5 bis 30 cm Tiefe befinden, erkennt man an stärkeren Rißbildungen in der Bodenoberfläche oder durch den Aufenthalt der Trüffelfliege, die bei den Fruchtkörpern ihre Eier ablegt. Da diese Suchmethoden sehr schwierig sind und viele Fruchtkörper nicht gefunden werden, bedient man sich für die Suche meist des Geruchssinns von Hunden

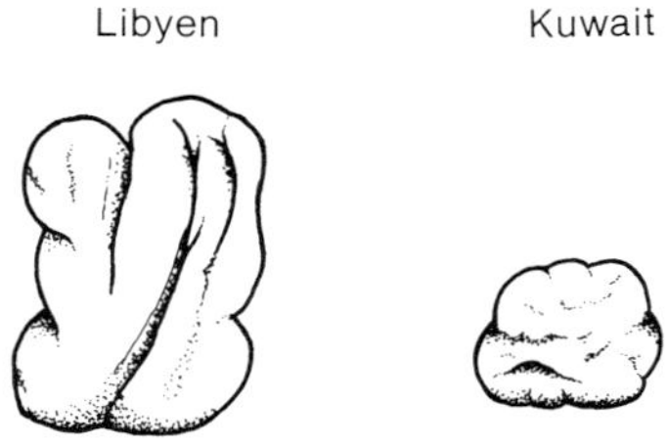

In Nordafrika (»Terfas«) und Arabien (»Kamah«) an Helianthemum ledifolium und H. salicifolium geerntete Trüffelarten.

oder Schweinen, die für die Trüffelsuche abgerichtet werden.

Seit 1977 werden im Institute for Scientific Research in Kuwait Kulturmethoden für Trüffelarten, die in Kuwait, Saudi-Arabien, Syrien, Irak und Nordafrika beheimatet sind, erarbeitet. Auf der Arabischen Halbinsel werden die Trüffeln »Kamah«, in Nordafrika »Terfas« genannt. In Kuwait wurden im Labor Trüffelsporen geerntet und Myzel herangezogen. Gefunden werden die Trüffel-Fruchtkörper 1 bis 6 cm unter der Bodenoberfläche in der Nähe von zwei-

Wirtspflanzen	
Tuber melanosporum: (Perigord-Trüffel)	*Quercus pubescens, Q. robur* (syn. *Q. pedunculata*), *Q. petraea* (syn. *Q. sessiliflora*, *Q. ilex, Corylus avellana;* auch *Tilia, Fagus, Populus, Castanea* und *Pinus*
Tuber aestivum: (Sommertrüffel)	*Quercus pubescens, Q. robur, Q. petraea, Q. ilex, Corylus avellana, Carpinus betulus, Betula alba, Fagus sylvatica, Pinus nigra*
Tuber brumale: (Wintertrüffel)	insbesondere Eichen und Buchen
Choiromyces maeandriformis: (Weiße Trüffel)	vor allem Fichten und Buchen

jährigen Halbsträuchern der Gattung *Helianthemum* (Sonnenröschen), mit denen sie in Symbiose (Lebensgemeinschaft) leben und Mykorrhizen bilden.

Die wichtigsten Wirtspflanzen sind *Helianthemum salicifolium* und *Helianthemum ledifolium*. Die Trüffeln wurden mit Erfolg in Kultur genommen. Sie gelten in den arabischen Ländern als Delikatesse und erzielen hohe Preise.

Die Haupterntezeit dauert von Januar bis April. Die besten Ernten wurden erzielt, wenn es in diesen Monaten reichlich regnete. In Europa werden mehrere *Helianthemum*-Arten und Kultursorten wegen ihrer langen Blütezeit gern in Steingärten und an sonnigen, trockenen Gartenstellen angepflanzt. Es laufen Versuche um zu testen, ob mit den in Europa verbreiteten *Helianthemum*-Arten (*H. nummularium, H. roseum, H. canum, H. apenninum, H. lunulatum, H. macedonicum, H. oelandicum* ssp. *alpestre* und den zahlreichen Hybriden sowie bestimmten *Cistus*-Arten ebenfalls Trüffelanbau möglich ist.

2. Körnchenröhrling *(Boletus granulatus* syn. *Suillus granulatus)*

Als Beispiel für die Röhrlinge soll hier die Kultur des Körnchenröhrlings beschrieben werden, da diese Art schon im großflächigen Anbau zu finden und ihre Vermehrung aufgrund des kräftigen Myzelwachstums verhältnismäßig einfach ist.

Für die Aufforstung großer Landflächen mit Kiefern, deren Holz für Industrie und Bauwesen benötigt wird, hat man in Argentinien den Körnchenröhrling überwiegend zur Beimpfung der Sämlinge verwendet, da dort keine für die Kiefer geeigneten Mykorrhiza-Arten heimisch sind. Der Pilz wird für die Gesunderhaltung und ein gutes Wachstum der Kiefern benötigt. Während man in Argentinien die Pilzernte in den neuen Waldgebieten lediglich als Verbesserung der Wirtschaftlichkeit des Waldbaues ansieht, sind bei uns Gartenbepflanzung und Pilzbestand gleichwertig. Wir sehen im Wachstum von Pilzen unter den Kiefern im Garten einen ästhetischen und praktischen Wert.

Mit Körnchenröhrling beimpfte Kiefernpflanzen.

Das Mykorrhizamyzel wird in erster Linie aus Gewebestücken, die auf Agar gebracht werden, gewonnen. Auf diese Art besteht Sicherheit, daß das Myzel auch von der gewünschten Pilzart stammt. Neuerdings werden auch besonders für bestimmte Zwecke (z. B. starke Wachstumsförderung, Eignung für klimatische Besonderheiten usw.) geeignete Typen der betreffenden Pilzart ausgelesen und gesondert vermehrt. Das Myzel wird in Form von Flüssigkulturen, von Körnerbrut oder Torfbrut zur Beimpfung verwendet. Anfangs wurde das Saatgut der Kiefern durch Zugabe von Flüssigkulturen behandelt und der Aussaaterde und der Topferde Pilzbrut zugesetzt. Heute wird – zumindest in der Forstwirtschaft – meist auf die Saatgutbehandlung mit Pilzmyzel verzichtet, dagegen wird das Saatgut zum Schutz gegen Kranheiten gebeizt. Das Mykorrhizamyzel wird an die Jungpflanze gebracht, indem der Boden der Anzuchtbeete vor der Pflanzung der Sämlinge zunächst desinfiziert und unmittelbar vor der Pflanzung (eventuell auch vor der Aussaat) mit Pilzbrut vermischt wird.

In Argentinien erfolgt die Aussaat der Kiefern in Frühbeetkästen, deren Erde zuvor desinfiziert wurde. Die Samenkörner werden in Reihensaat etwa 1 cm tief ausgesät. Dann wird die Erde glattgestrichen und eine Schicht zerkleinerter Kiefernnadeln aufgebracht. Diese werden aus reinen Kiefernwäldern geholt, in denen alle Bäume von mit Körnchenröhrling beimpften Sämlingen stammen. Im Wald wird hierzu die obere, trockene Nadelschicht abgehoben und die dicht über dem Erdboden liegenden, teilweise bereits zersetzten Nadeln, die von dicht mit dem Mykorrhizapilz umsponnenen Wurzeln durchwachsen sind, entnommen. Diese Nadeln werden zerkleinert, angefeuchtet und dann zur Bedeckung und gleichzeitig zur Beimpfung der Sämlinge verwendet. Wenn die Sämlinge etwa 6 cm hoch sind, werden sie in Töpfe gepflanzt und bleiben dort bis zu ihrer Pflanzung.

Erdtopf, vom Mykorrhizapilz durchwachsen.

Für die Anzucht von Mykorrhiza-Impfmaterial empfiehlt Friederike Göbl (Österreich, Außenstelle für subalpine Waldforschung der Forstlichen Bundesversuchsanstalt Wien) zunächst die Herstellung von selektierten Reinkulturen. Aus Myzelsuspensionen wird sodann Körnerbrut (Weizen oder Hirse) hergestellt (bei *Suillus*-Arten Zusatz von Gips). Diese wird für die Herstellung von Mykorrhizatorf verwendet, indem Körnerbrut einem geeigneten Torf mit Glukosezusatz beigemischt wird. In sterilisierbaren Plastiksäcken kann dieser Impftorf verschickt werden.

Die Kiefernjungpflanzen werden nach Erreichen der gewünschten Größe an ihrem endgültigen Standort ausgepflanzt, nachdem der Boden der Pflanzstelle mit dem Impftorf vermischt wurde. Aufbringen von Kuhdung auf den Boden im Wurzelbereich kann sich günstig auf die Größe der Fruchtkörper auswirken.

3. Pfifferling *(Cantharellus cibarius)*

Es ist noch verfrüht, Kulturanweisungen für den Anbau von Pfifferlingen zu propagieren. Es scheint aber an der Zeit, sich mit den Möglichkeiten zu befassen, die sich aufgrund der derzeitigen Kenntnisse ergeben. Jahrelange intensive Forschungsarbeit in den Niederlanden endete leider zunächst mit einem Fehlschlag. Für den Liebhaberanbau wäre es vor allem von Bedeutung, wenn Pfifferlingsbrut hergestellt und in den Handel gebracht werden könnte. Wahrscheinlich besteht dann die Möglichkeit, genau wie bei der Trüffelkultur, eine Beimpfung von Sämlingen geeigneter Baumarten vorzunehmen. Hierzu scheinen insbesondere junge Fichten geeignet, zumal wahrscheinlich auch die viel in Gärten angepflanzten Zierformen ebenfalls mit dem Pfifferling eine Symbiose eingehen.

Die bekanntere eigelbe Art *(Cantharellus cibarius)* bevorzugt den Nadelwald, die hellere und größere Laubwaldform (*Cantharellus cibarius* var. *pallidus*) den Laubwald. Erstere verlangt saure Böden (pH-Wert 4,2 bis 4,8), während die zweite besser auf neutralem bis kalkhaltigem Boden wächst. So ergäbe sich die Möglichkeit, auch bei sehr unterschiedlichen Bodenverhältnissen und unterschiedlichem Baumbestand Pfifferlinge heranzuziehen. Die Pflanzung von jungen Bäumen, die an Stellen herangezogen wurden, an denen Pfifferlinge in größerer Zahl aufgetreten sind, wäre vielleicht eine erste Möglichkeit. Schließlich sät man auch in Japan am Fuße von Kiefern, unter denen man in den letzten Jahren viele Fruchtkörper des in Japan beliebtesten Pilzes Matsu-Take gefunden hat, Kiefersamen aus. Man verpflanzt dann die daraus gewachsenen Sämlinge an geeignete Standorte. Am einfachsten wäre es, Fichtensämlinge zu beimpfen und sie anschließend in Baumgruppen, wie sie an den guten Fundorten der Pilze vorhanden sind, auf einem mit Impftorf und Nadelstreu angereicherten und oberflächlich bedeckten Untergrund anzupflanzen. Man würde hierbei die Beimpfung in die Hand von Spezialisten geben. Bei den Baumgruppen würde man zunächst die einfache Fichte *(Picea abies)* mit Zierformen mischen und mit dem Dichterwerden der Bestände auslichten. Bei dichtem Bestand und feuchtem, moosigem Boden mit Heidelbeer-Unterwuchs werden sich die Wurzeln der Bäume unter der Oberfläche fein verzweigen und so für die kräftige Bildung von Pfifferlingsmyzel und später Fruchtkörpern die besten Voraussetzungen bieten. Ob es ausreicht, an das feine Faserwurzelnetz der Jungbäume Brut bzw. Impftorf zu bringen, um ein Überwachsen des Myzels auf die Wurzeln zu erreichen, müßte ebenfalls erprobt werden. Am besten eignet sich hierzu wohl die Zeit von April bis Mai, da dann viele neue Faserwurzeln gebildet werden.

Es hat den Anschein, als ob der Einfluß von Bodenbakterien auf die Fruchtkörperbildung bei den in Symbiose lebenden Pilzarten eine besondere Bedeutung hat. Selbst bei Verwendung beimpfter Jungpflanzen scheint es daher ratsam, dem Boden Erde aus den Fundgebieten der betreffenden Pilzart beizumischen, um die dazugehörige Bakterienflora aufzubauen.

Das Kapitel über die Pfifferlingskultur soll Hinweise für den Anbau geben, falls es gelingt, in den nächsten Jahren Pfifferlingsbrut herzustellen. In der Forstwirtschaft werden bereits Beimpfungen von Jungpflanzen mit dem Myzel zahlreicher Mykorrhiza-Arten (z. B. *Amanita, Boletus, Leccinum, Russula, Suillus, Xerocomus* u. a.) durchgeführt.

Pflanzenschutz

Wer schon einmal Pilze gesammelt hat, wird bemerkt haben, daß es außer dem Menschen auch noch andere Pilzliebhaber gibt. Bei feuchtem Wetter sind zahlreiche Pilze von Schnecken angefressen, und nach Trockenzeiten finden sich in den bei erneuter Feuchtigkeit schnell sich entwickelnden Fruchtkörpern Maden in großer Zahl. Auch Vögel und Wild lassen sich Pilze schmecken.

Im Hausgarten wird man sich bemühen, den *Schnecken* möglichst schon am Gartenzaun den Weg in den Garten zu erschweren. Ködermittel z. B. Schneckenkorn wird man an schattigen und feuchten Stellen auslegen oder 5 cm tiefe Gruben für flüssige Lockmittel ausheben. Abends kann man dort, wo sich gerade neue Fruchtkörper gebildet haben, beim Licht der Taschenlampe die gefräßigen Eindringlinge absammeln. Bei Verwendung giftiger Köder ist größte Vorsicht geboten. Sie müssen so ausgelegt werden, daß Kinder und Haustiere sie nicht erreichen können. Am besten legt man die Köder unter einen Stein oder ein Brettchen, die auf einer Seite nur soweit angehoben sind, daß nicht auch Igel oder Vögel die darunter liegenden Körner hervorholen können.

Auch die vorgeschriebenen Wartezeiten bis zur Ernte müssen eingehalten werden. Keine Gefahr besteht, wenn wir die Bekämpfung mit Bier durchführen. In der Nähe der Pilze kann man Gläser, Plastikbecher o. ä. in den Boden einsenken, die Gefäße zur Hälfte mit Bier füllen und über den Gefäßen einen umgedrehten Blumentopf als Regenschutz anbringen, damit das Bier seinen anziehenden Duft behält. Morgens werden die ertrunkenen Schnecken aus dem Bier entfernt. Das Ausbringen eines Streifens Ätzkalk um die Plätze herum, die gegen Schnecken geschützt werden sollen, kurz vor Anbruch der Dunkelheit ist zu empfehlen. Etwas aufwendiger gestaltet sich der Schutz durch sogenannte Schneckenzäune aus Plastik oder Weißblech. Weitere Schnecken können vor allem aus Wald- oder Wiesengelände zuwandern. Laufkäfer und Igel sollten wir

Schneckenfraß.

Schneckenbekämpfung mit Bier.

schützen, damit sie uns bei der Bekämpfung helfen.

Maden schlüpfen aus den Eiern von *Pilzfliegen* und *Pilzmücken*, die fast überall, besonders in windgeschützten, warmen Lagen zu finden sind. Eine Bekämpfung mit Pflanzenschutzmitteln ist sehr schwierig, da die Pilze meist so schnell wachsen, daß die vorgeschriebenen Wartezeiten nicht eingehalten werden können. Im Zweifel verzichtet man besser auf jegliches Gift und erntet die Pilze noch jung, ehe die Maden geschlüpft sind. Bei Pilzarten, die erst im Herbst Fruchtkörper bringen, wie z. B. viele Seitlinge und Rüblinge, oder die sehr festes Fleisch haben, wie z. B. die Pfifferlinge, wird selten durch Maden Schaden auftreten.

Gegen Schädigungen durch *Vögel* und *Wild* kann man zumindest bei geschlossenen Beetanlagen als Schutz ein Kunststoffnetz über die gefährdeten Plätze legen. Gegen *pilzliche Parasiten*, die unsere Speisepilze befallen und Mißbildungen, Fäulniserscheinungen oder Zersetzungen hervorrufen, sollte man keine Pflanzenschutzmittel einsetzen, sondern bei Erscheinen eines weißen Belages auf den Fruchtkörpern oder bei Beginn der Fäulnis die befallenen Exemplare sofort vernichten. Bei der Kultur von Champignons und anderen Pilzarten im Hauskeller muß eine ausreichende Belüftung nach dem Gießen dafür sorgen, daß die Fruchtkörper nicht zu lange feucht sind, damit die Bakterien nicht auskeimen und Flecken hervorrufen können.

Am sichersten ist es, Pilze nicht zu alt werden zu lassen, zumal sie in jüngerem Zustand auch bekömmlicher sind.

Treten beim Anbau auf Strohballen Fäulnis und Schimmelpilze auf, sollte man die Ballen entfernen. Ertragsausfall kann auch durch Befall mit *Älchen* oder *Milben* verursacht werden. Beide mikroskopisch kleinen Schädlinge werden meist übersehen.

Auch in der feuchtwarmen Luft der Mieten, die für die bessere Myzelentwicklung in den Stammstücken angelegt werden, können Schädlinge auftreten. Vor dem Abdichten der Miete sollte man daher am Boden Giftweizenkörner als Schutz vor Mäusefraß an der Pilzbrut auslegen, Schneckenkorn verhindert, daß Schnecken das Myzel abfressen. Auch Ameisen fressen gerne das Pilzmyzel und müssen daher von der Kultur ferngehalten werden.

Am besten schützt man seine Pilze, indem man ihnen einen Standort bietet, der so beschaffen ist wie die besten Fundorte in Wald und Feld. Wenn man sie auf andersartigen Substraten heranzieht, sollte man diese nicht zu stark mit Nährstoffen anreichern, da zu gut genährte Pflanzen häufig von Krankheiten befallen werden. Besonders wichtig ist es, daß die bei den einzelnen Pilzarten typischen Ansprüche an Feuchtigkeit von Luft und Boden befriedigt werden. Vor allem bei den auf feuchten Plätzen gedeihenden Pilzen muß für ausreichend Schatten und, wenn notwendig, auch für Bewässerung gesorgt werden (siehe auch Seite 113).

Shii-Take auf Sägespänen.

Minikulturen im Haus und im Keller

Kultur auf dem Fensterbrett

Kultur in Gläsern

Der Garten auf dem Fensterbrett ist eigentlich nichts Neues. In vielen Haushalten stehen am Fenster nicht nur Blumen, sondern auch Töpfe oder kleine Schalen mit Petersilie, Schnittlauch, Kresse oder Gewürzpaprika. Dieses Sortiment ließe sich um einige Pilzarten vermehren. In Japan wird der Samtfußrübling *(Flammulina velutipes)*, der in Deutschland im Winter an Baumstämmen in Wald und Park zu finden ist, in Gläsern kultiviert und büschelweise geerntet. Er eignet sich zur Verwendung in Soßen und Suppen. Nach japanischem Muster kann als Substrat eine Mischung von 70 % Sägespänen und 30 % Reiskleie verwendet werden. Auch Stroh, Sägemehl, Gerstenspreu u. a. können als Substrat (pH-Wert etwa 5,5) dienen. Nun wird Wasser zugesetzt, bis ein Feuchtigkeitsgehalt von 60 bis 65 % erreicht ist. Dann wird pasteurisiert, und nach dem Ab-

Oben im Bild: Austernseitlinge. Unten: Samtfußrüblinge, in Flaschen kultiviert.

kühlen wird Brut zugemischt. Das Substrat wird in Flaschen gefüllt und bei 25 °C zum Durchwachsen mit Myzel aufgestellt. Wenn das Substrat durchsponnen ist, werden die Gläser kühl (höchstens 15 °C) und luftig am Fenster aufgestellt. Besonders eignen sich hierfür Doppelfenster. 2 bis 3 Wochen darauf kann die Ernte beginnen.

In gleicher Weise kann man Austernseitlinge kultivieren. Stroh, am besten gehäckselt, wird pasteurisiert, mit Brut gemischt, in Gläser gefüllt und im Dunkeln bei 25 °C aufgestellt. Nach etwa 3 Wochen ist das Substrat durchsponnen, und die Gläser werden hell und luftig aufgestellt. Im Sommer verwende man die wärmevertragenden Typen, im Winter die bei uns heimischen, die Temperaturen unter 15 °C zur Fruchtkörperbildung benötigen. Die Fruchtkörper kann man mit 3 bis 5 cm Größe ernten oder zu voller Größe auswachsen lassen.

Auch die Anzucht von Shii-Take ist in Gläsern und auf Substratballen möglich. Als Substrat eignet sich eine Mischung aus 75 % Buchen- oder Eichensägespänen und 25 % Weizenkleie. Nach der Beimpfung werden die Gläser bzw. Ballen bei etwa 25 °C und hoher Luftfeuchtigkeit (80 bis 90 %) dunkel aufgestellt, bis nach ungefähr 4 Wochen das Substrat von Myzel durchwachsen ist. Dann erhalten die Gläser bei etwa 20 °C täglich 8 Stunden Belichtung von 400 bis 600 Lux. Nach etwa 5 Wochen erscheinen die ersten Fruchtkörper, und nach weiteren 6 und 12 Wochen reift die zweite und dritte Ernte. Nach jeder Ernte werden die Gläser bzw. Substratballen 1 bis 2 Tage lang gewässert.

Wie der Samtfußrübling kann auch der Südliche Schüppling *(Agrocybe aegerita)* – allerdings möglichst auf Sägespänen von Pappelholz – kultiviert werden. Für den Winter eignen sich der Rauchblättrige Schwefelkopf, das Stockschwämmchen und der Shii-Take, allerdings bei etwas höherer Temperatur, ebenfalls für diese oder eine ähnliche Methode. Versuche mit dem Knoblauchschwindling laufen noch und scheinen

Seitlinge in folienbedeckter Flasche auf Strohsubstrat.

Erfolg zu versprechen. Der Pilzgarten auf dem Fensterbrett bedeutet also keine Zukunftsmusik mehr.

Kultur in Schalen

Anstelle von Gläsern können selbstverständlich auch andere Gefäße verwendet werden. Plastikschalen je nach Größe des Fensterbrettes eignen sich für den Anbau nach gleicher Methode. Während die in Gläsern geernteten Mengen gering sind und als Beilage oder Würze zu den Mahlzeiten genügen, ermöglichen die größeren Kulturgefäße volle Pilzgerichte. Schalen und Kulturen in Plastiksäcken kann man zu diesem Zweck bei verschiedenen Firmen einschließlich Substrat und Brut käuflich erwerben, wenn man sich die Arbeit mit der Kultur erleichtern will. Aber auch so muß man für einen geeigneten Platz, richtige Temperatur, gute Belüftung, benötigte Feuchtigkeit und ausreichende Belichtung sorgen, wenn man eine lohnende Ernte erzielen will.

Kultur auf Holzscheiben

Eine andere für das Fensterbrett geeignete Methode ist die Kultur auf Holzscheiben. Hierfür wendet man die gleichen Maßnahmen an wie bei dem Anbau auf Stammstücken. Es werden zwei Holzscheiben von etwa 5 cm Stärke von einem Stammstück abgeschnitten und gewässert. Dann wird zwischen beide etwas Sägemehl und Brut gebracht und mit einem Nagel dicht zusammengefügt. Danach werden die Holzscheiben in einen Plastikbeutel gelegt und im Keller aufbewahrt. Von Zeit zu Zeit werden sie angefeuchtet, bis sie vom Pilzmyzel durchwachsen sind. Nun

Blonde Champignons in Schalenkultur auf dem Fensterbrett.

werden sie auf dem Fensterbrett in einen flachen Untersatz gestellt, dessen Boden stets feucht gehalten wird. Austrocknen durch Besonnung muß vermieden werden. Die Zahl der auf den Holzscheiben gebildeten Fruchtkörper ist nicht groß, aber zwischen den Blumen, besonders Farnen, nehmen sie sich recht bizarr aus.

Kultur im Hauskeller

Kultur auf Stammstücken

Im Herbst endet nach stärkeren Frösten in der ersten Novemberhälfte im allgemeinen die Haupternte der meisten holzbewohnenden Pilze (mit Ausnahme des Winterrüblings), und nur noch bei längeren Tauwetterperioden werden vereinzelt Fruchtkörper ausgebildet. Daher erscheint eine Verlagerung von Stammstücken, die noch keine Fruchtkörper gebracht haben, aber bereits sehr kleine Fruchtkörperanlagen zeigen, in einen frostgeschützten Raum interessant. Ein Kellerraum, der sich gut belüften läßt und nicht feucht ist, eignet sich dazu. Man nimmt aus der Freilandanlage geeignete Klötze heraus und setzt sie in Plastikeimer. In diese wird etwa 5 cm hoch nasser Torf gebracht, und der Klotz wird so darauf gesetzt, daß möglichst am unteren Ende ein Teil der mit Myzel durchwachsenen Gartenerde hängen bleibt. Um das Holz herum füllt man etwa 15 cm hoch Erde ein und feuchtet alles gut an. Dann werden die Stammstücke in den Keller gebracht, in dem der Boden mit einer Folie bedeckt ist, auf der ständig Feuchtigkeit vorhanden sein sollte. Durch das Kellerfenster sollte stets Frischluft hereinkommen, und die Temperatur sollte auf 12 bis 15 °C gehalten werden. Da zur Entwicklung von Fruchtkörpern ausreichend Licht notwendig ist, wird man tagsüber etwa 10 Stunden lang Kunstlicht einschalten. Am besten eignen sich die Tageslichttypen von Leuchtstofflampen. Zu lange Stiele sind ein Zeichen für Lichtmangel.

Kultur auf Substraten

Um auch in den Monaten, in denen im Freien keine Pilze zu ernten sind, nicht auf eine Pilzmahlzeit verzichten zu müssen, kann man im Hauskeller (ähnlich der Kultur auf Stammstücken) auch auf geeigneten Kultursubstraten Ernten erzielen.

Bei Champignonkulturen füllt man in Plastikbeutel, die mit Löchern zur Durchlüftung und zum Abzug von überschüssigem Kondenswasser versehen sind, pasteurisierten (auf etwa 60 °C erhitzt) Champignonkompost ein, den man mit Körnerbrut gut durchmischt. Auf 10 kg Substrat kommen 50 g Brut. Der Beutel wird zu zwei Drittel mit Substrat gefüllt. Den oberen Teil des Beutels faltet man, so daß er verschlossen ist, aber doch etwas Luftaustausch durch die Faltstelle ermöglicht. Bei etwa 25 °C durchwächst das Myzel in etwa 2 Wochen den Kompost. Nun wird etwa 4 cm hoch eine Deckschicht von Torf, etwas Lehm, Sand und Kalk, die vorher mit Wasser gesättigt wurde, über das Substrat gebracht und der Beutel wie zuvor verschlossen und warm aufgestellt, bis nach etwa 8 Tagen etwas Myzel an der Oberfläche sichtbar wird. Dann wird der Plastikbeutel auf dem mit einer Plastikfolie bedeckten Kellerboden aufgestellt,

Champignonkultur im Eimer.

Shii-Take auf Kultursubstrat.

Tamogi-Take (Seitlinge), im Plastikbeutel kultiviert.

nach außen bis zur Höhe der Deckerde umgebogen, viel Frischluft gegeben und nur noch eine Temperatur von 15 bis 16 °C eingehalten. Bald erscheinen die ersten Fruchtkörperanlagen, und etwa 3 Wochen nach dem Aufbringen der Deckerde kann mit dem Beginn der Ernte gerechnet werden. Bei niedriger Temperatur dauert das Wachstum länger, die Gefahr von Fremdinfektionen ist aber auch geringer. Für reichlich Luftfeuchtigkeit muß stets gesorgt werden.

Zur Kultur von Seitlingen (siehe auch Seite 44 ff.) wird zunächst gehäckseltes Stroh in ein mit Wasser gefülltes Gefäß geschüttet. Man läßt es einen Tag lang einweichen und kocht es dann 2 bis 3 Stunden lang in einem Behälter. Nach dem Abkühlen auf etwa 25 °C wird Brut mit dem Stroh vermengt (auf 10 kg Substrat etwa 300 g Brut) und alles in Plastikbeutel bis zu zwei Drittel der Höhe aufgefüllt. Die Beutel werden im Kulturraum bei 20 bis 25 °C aufgestellt. Der Boden der Beutel wird durchlöchert, um eventuell angesammeltes Wasser abfließen zu lassen. Der Raum sollte nur schwach belüftet werden. Bei 20 °C wird das Stroh in etwa 3 Wochen durchwachsen. Nun werden die Beutel aufgeschnitten und entfernt, die Temperatur wird auf etwa 12 °C gesenkt, und tagsüber wird 12 Stunden lang Zusatzlicht gegeben. Reichlich Frischluft und Feuchtigkeit sind notwendig. Daher wird ständig gelüftet und eine auf den Boden gelegte Folie, auf die man die aus Strohsubstrat und Pilzmyzel gebildeten Blöcke gestellt hat, ständig naß gehalten. Nach einigen Wochen bilden sich die ersten Fruchtkörper. Man kann, um mehr Feuchtigkeit im Substrat zu halten, auch die Beutel nur zur Hälfte entfernen, so daß die andere Hälfte gegen Austrocknung geschützt ist.

Ebenso ist es möglich, das Stroh in alte Flaschenkisten o. ä., in die man eine Folie einlegt, zu bringen und nach dem Durchwachsen des Substrates die Folie zur besseren Belichtung und Belüftung umzuschlagen. Die Kisten müssen dann so aufgestellt werden, daß sie mit der Öffnung zur Seite zeigen, da sich die Fruchtkörper überwiegend seitlich am Substrat bilden. Ratsam ist es, nur kleine Beutel oder Kisten zu füllen, um nicht auf einmal zu große Mengen von Fruchtkörpern zu erhalten. Diese bilden viele Sporen, die dann umherstreuen und bei empfindlichen Personen Allergien hervorrufen können. In meinem Keller waren einmal 6 Räume von den Sporen der Fruchtkörper, die sich an einem 50 cm hohen Block befanden, mit feinem, weißem Sporenstaub bedeckt. Bei der Kultur von Austernseitlingen in geschlossenen Räumen verwende man daher besser nur Brut von sporenlosen Sorten.

Seitlinge auf Strohsubstrat mit erntereifen Fruchtkörpern.

Auf jeden Fall ist immer für reichlich Luftfeuchtigkeit zu sorgen, und die Ernte erfolgt, solange die Hüte noch am Außenrand nach unten gebogen sind. Die Kultur von Shii-Take wird besser in flachen Kisten durchgeführt. Als Substrat dient eine Mischung von 35 % Stroh und 65 % Holzspänen oder 35 % Getreidekleie und 65 % Holzspänen. Ein Zusatz von Sojabohnenmehl steigert den Ertrag. Das Substrat wird gemischt, mit Wasser gesättigt und 2 bis 3 Stunden lang in einem Gefäß gekocht. Nach dem Abkühlen auf etwa 25 °C wird das Substrat mit Brut durchmischt und in Kisten gefüllt, die man mit einer Glasscheibe bedeckt und dunkel aufstellt, bis das Substrat durchsponnen ist. Dann wird für reichlich Licht (400 bis 600 Lux), frische Luft und hohe Luftfeuchtigkeit gesorgt, damit sich Fruchtkörperanlagen bilden. Mit der üblichen Brut bleibt der Erfolg häufig aus, da die einzelnen Shii-Take-Typen zur Fruchtkörperbildung sehr unterschiedliche Ansprüche stellen.

Für die Kultur in Plastikbeuteln, Kisten oder Schalen eignet sich ebenfalls der **Schopftintling** (Spargelpilz). Als Substrat wird – wie bei der Champignonkultur gezeigt – Stroh oder Champignonkompost verwendet. Da der Schopftintling Kalk liebt, werden 100 kg fertigem Substrat noch 0,5 bis 1 kg kohlensaurer Kalk zugesetzt. Das Substrat wird in Plastiksäcke oder in Kisten, deren Seitenwände 15 bis 20 cm hoch sind, eingefüllt und angedrückt. Bei Verwendung von Substratbrut wird diese in etwa walnußgroße Stücke geteilt, das Substrat wird damit etwa 5 cm tief gespickt. Körnerbrut dagegen mengt man vor dem Füllen der Behälter dem Substrat bei. Nach dem Füllen werden auf die Oberfläche noch einige Körner gestreut und dann angedrückt.

Für das Durchwachsen des Substrats durch das Myzel ist eine Temperatur von etwa 25 °C günstig. Um die notwendige Feuchtigkeit zu erhalten, sollte man die Oberfläche mit Papier (evtl. Zeitungen) bedecken. Nach dem Durchwachsen (nach etwa 4 Wochen) wird eine 3 bis 4 cm dicke Erdschicht aufgebracht. Hierfür verwendet man am besten gute Gartenerde, mit Torf gemischt, oder Komposterde, deren ph-Wert man durch Zusetzen von kohlensaurem Kalk auf 7,5 bis 8 anhebt. Die Erde wird vor dem Decken stark gewässert und während der Kulturzeit gut feucht gehalten.

Bei einer Temperatur von 20 °C können nach etwa 4 Wochen die ersten Fruchtkörper erscheinen. Während der Kultur ist ständig für ausreichend Feuchtigkeit zu sorgen, aber eine Bodenverkrustung ist auf jeden Fall zu vermeiden. Für viel Frischluft und mindestens 15 °C Raumtemperatur ist während der Erntezeit zu sorgen. Die sehr empfindlichen Fruchtkörper sollten möglichst noch am Erntetag zubereitet werden.

Auch Träuschlinge kann man im Hauskeller gut in Kisten, als Sackkultur oder auf Strohballen anbauen.

Ernte und Verwertung der Speisepilze

Ernte

Während man bei den Kulturpilzen die Ernten durch Regulierung von Temperatur, Luftfeuchtigkeit und CO_2-Gehalt der Luft in den Kulturräumen steuern kann, ist die Pilzernte im Garten von der Jahreszeit und den Witterungsverhältnissen abhängig. Beim Kulturchampignon kann man im Normalfall bei den üblichen Kulturmaßnahmen etwa fünf Wochen nach dem Einbringen der Brut in das Nährsubstrat mit der Ernte beginnen, wobei die Ernten in Wellen von jeweils einer Woche Abstand aufeinanderfolgen. Die Ernte der Freilandpilze wird dagegen von einer großen Anzahl äußerer Einflüsse bestimmt, die wir nicht abändern können und die uns unsere Berechnungen immer wieder umwerfen. Es ist bekannt, daß nach Jahren mit gewaltigen Pilzernten wieder völlige Mißernten folgen, bei denen sogar die meist in großen Mengen auftretenden Arten kaum aufzufinden sind. Gewiß können wir im Garten durch Bedekken mit Folie bei großer Nässe und durch Beregnung bei großer Trockenheit in den Beeten, die sich im Gemüse- oder Obstgarten befinden, ein wenig die Ernteaussichten verbessern. Gegen Trockenperioden, Hitzewellen, Sturm, langanhaltende Niederschläge und starke Fröste können wir jedoch wenig ausrichten. Gleichmäßige Ernten, die es ermöglichen, in wenigen Tagen größere Mengen abzuernten, wie es für das Einkochen, Einfrieren, Trocknen usw. wünschenswert ist, sind nur bei wenigen Pilzarten zu erwarten. Für den Frischverbrauch ist es aber sogar angenehm, wenn sich die Ernte über eine längere Zeit hinzieht und man nicht gezwungen ist, kurz hintereinander Gerichte mit der gleichen Pilzart zu verzehren.

Eine Vielzahl von Pilzarten im Garten ermöglicht es, fast das ganze Jahr über frische Pilze zu ernten und immer wieder neue Geschmacksnuancen genießen zu können. Nach den Winterpilzen folgen im Frühjahr Morcheln sowie die ersten Stockschwämmchen, dann die Maipilze, mit Beginn des wärmeren Wetters Champignons, Schwindlinge, Sommerseitlinge und zum Herbst Tintlinge, Röhrlinge und Champignons, gefolgt von Rüblingen, Ritterlingen und Trichterlingen bis zum Erscheinen der Seitlinge und Samtfußrüblinge zu Beginn der Winterzeit, um nur einige der wichtigsten Pilzarten zu nennen.

Die Fruchtkörper erscheinen einzelnstehend, in Reihen, Ringen oder Gruppen und sollten nicht zu klein geerntet werden, da der Ertrag sonst zu gering und das Aroma noch nicht voll ausgeprägt ist. Zu große Pilze sind meist bereits madig, zäh und schwer verdaulich. Man sollte daher den günstigsten Zeitpunkt abwarten. Jedoch ist zu bedenken, daß während Hitzeperioden nach Gewittern die plötzlich hervorschießenden

Seitlinge sollten geerntet werden, wenn der Rand der Fruchtkörper noch nach unten gewölbt ist.

Fruchtkörper sehr schnell ausgewachsen sind. Zu alte Pilze sollte man nicht mehr ernten. Wenn sie stehenbleiben, streuen sie ihre Sporen aus und sorgen für eine Pilzernte in den folgenden Jahren.

Wenn man einen Pilz entdeckt, sollte man die Umgebung genau kontrollieren, ob nicht noch weitere versteckt in der Nähe stehen. An Holzstämmen wachsende Fruchtkörper werden dicht am Stamm abgeschnitten, im Erdboden stehende herausgedreht oder möglichst tief im Boden abgeschnitten. Büschel schneidet man dicht über dem Strunk ab, damit sich daran neue Anlagen bilden können. Beim Ernten entstehende Löcher werden vorsichtig zugedrückt. Auf keinen Fall sollte durch Entfernen von bodenbedeckendem Moos oder von Laub- und Nadelstreu das dicht unter der Oberfläche wachsende Fadengeflecht (Myzel) beschädigt werden.

Bei Regenwetter geerntete Pilze sind oft verschmutzt und wäßrig und daher schlecht haltbar. Alle Verunreinigungen sollten sofort entfernt werden. Bis zur Zubereitung müssen die Pilze kühl und luftig gelagert werden. Wenn das Erntegut zu dicht aufeinander liegt, erwärmt es sich – besonders in geschlossenen Behältern – und verwest schnell. Feuchte Wärme fördert die Zersetzung der Eiweißstoffe und führt dazu, daß Pilze wie Fleisch, Wurst oder Fisch unbekömmlich werden und die Gesundheit gefährden. Am besten werden Pilze am Erntetag zubereitet, Reste der Mahlzeit werden nicht nochmals aufgewärmt. Gefrorene Pilze, die noch frisch sind, werden in gefrorenem Zustand geerntet und sofort nach dem Auftauen verwertet.

Man erntet am besten in Spankörbe, Schalen oder andere Gefäße, die Luftaustausch gewährleisten, um Druckstellen und Fäulnis zu vermeiden.

Da empfindliche Personen gegen einzelne Pilzarten allergisch sind, wie es auch bei Erdbeeren, Fisch und anderen Nahrungsmitteln vorkommt, sollte man nur von den Pilzarten größere Mengen in einer Mahlzeit genießen, von denen man weiß, daß man gegen sie nicht allergisch ist.

Bedeutung für die Ernährung

Nährwert

Für die gesunde Ernährung dürfte ein besonders reichliches Angebot an Pilzen heute von besonderer Bedeutung sein.

Da die körperliche Arbeit immer mehr abnimmt, sinkt auch der Bedarf an kalorienreicher Nahrung, während der Bedarf an Eiweiß, Vitaminen und Mineralien prozentual ansteigt. Pilze sättigen verhältnismäßig schnell und stellen daher ein sehr geeignetes Nahrungsmittel dar. Ihr Nährwert entspricht etwa dem der Gemüsearten, erreicht aber nicht den von magerem Rindfleisch, dem Pilze aber in getrockneter Form sehr nahe kommen. Der Eiweißgehalt der Pilze ist hoch, er liegt zwischen 1,5 und 6 % des Frischgewichtes. Die Unterschiede zwischen den einzelnen Pilzarten sind oft wesentlich. So enthalten Steinpilze, Champignons, Parasolpilze und Boviste viel verdauliches Eiweiß, Pifferlinge, Ritterlinge und die meisten Röhrlinge dagegen wenig. Auch der Standort und das Alter der Pilze beeinflussen den Eiweißgehalt. So enthalten junge Pilze prozentual mehr Eiweiß als ältere. Da das Eiweiß in den Zellen lagert, deren zum Teil aus Chitin bestehende Zellmembran schwer verdaulich ist, aber die Darmtätigkeit anregt, wird es für die Verdauung schwer zugänglich und nicht vollständig verwertet. Die Ausnutzung schwankt zwischen 70 und 90 %, wobei gerade bei Ritterlingen und Pfifferlingen der Prozentsatz der Verdaulichkeit an unterster Stelle liegt. Durch eine sorgfältige Zubereitung, nämlich gründliche Zerkleinerung und gutes Dünsten, sowie richtiges Kauen der Mahlzeit steigt der Wert an.

Der Gehalt an Kohlenhydraten differiert zwischen 3,5 und 5 % und liegt beim Steinpilz und Täubling besonders hoch, beim Pfifferling niedrig. Zucker ist meist als Mannose oder Trehalose vorhanden.

Verhältnismäßig kalorienreich sind Trüffel, Schwindling und Steinpilz, während Pifferling und Stoppelpilz sehr wenig Kalorien enthalten, da ihr Wassergehalt mehr als 90 % beträgt. Junge Pilze haben einen höheren Anteil an Trockensubstanz als ältere. Fett kommt nur in sehr geringen Mengen vor. Wichtig ist der hohe Gehalt an Mineralstoffen wie Phosphor, Kalium, Magnesium, Kalzium, Eisen, Kieselsäure und Selen. Der Gehalt an basischen Stoffen ermöglicht eine bessere Nutzung des vorhandenen Eiweißes. Reich an Mineralstoffen sind Morchel, Trüffel, Steinpilz und Champignon.

Da in Pilzen höhere Selengehalte als in vielen anderen Pflanzen gefunden wurden, könnten sie zur Bekämpfung der durch Selenmangel hervorgerufenen »Kashin-Beck-Krankheit« dienen, die in China zu Wachstumsstörungen, Verformungen der Gelenke, Herzmuskelerkrankungen u. a. führte.

Zu einer begehrten Delikatesse wurden die Pilze aufgrund ihres Gehaltes an Aromastoffen, die den Geschmackswert der Mahlzeiten verbessern. Deshalb sind viele Arten besonders als Würzpilze geschätzt.

Wert für die Gesundheit

Bedeutung für die Gesundheit hat an erster Stelle der hohe Vitamingehalt der Pilze. Carotin (Provitamin A) wurde in Steinpilz, Pfifferling und Semmelstoppelpilz nachgewiesen. Die Pilze enthalten außerdem Thiamin (Vitamin B_1), Riboflavin (B_2), Pyridoxin (B_6), Pantothensäure, Folinsäure, Nikotinsäureamid (alle drei Vitamin-B-Komplex), Ascorbinsäure (Vitamin C), Ergosterin

Vitamin-C-Gehalt (nach Schuphan; mg % des Frischgewichtes)			
Schirmpilz	4 mg %	Butterpilz	14 mg %
Steinpilz	5 mg %	Birkenpilz	7 mg %
Marone	4 mg %	Gemüse (Mittelwert)	34 mg %

Vitamin-D-Gehalt (nach Schuphan; Ergosterin-Werte in Vitamin D ausgedrückt, 1 µg = 0,001 mg)			
Morchel	1,25 µg %	Treibchampignon	0,21 µg %
Pfifferling	0,83 µg %	Butter	0,40 µg %
Steinpilz	0,83 µg %	Kuhmilch	0,2 µg %
Freilandchampignon	0,63 µg %		

(Provitamin D_2) und Biotin (Vitamin H). Besonders hervorzuheben ist die Folinsäure, die nur in wenigen Gemüsearten (z. B. Spinat) vorhanden ist und bei einer Reihe anämischer Zustände heilende Wirkung zeigt. Das nach Angaben aus Japan vorhandene Vitamin B_{12} hat große Bedeutung, da ein Mangel zu perniziöser Anämie führen kann. Das in Mengen von praktischer Bedeutung lediglich in Gemüse und Obst vorhandene Vitamin C finden wir in unterschiedlicher Höhe ebenfalls in Pilzen. Auch Vitamin E (Tocopherol) wurde in Morcheln, Steinpilzen, Champignons und Pfifferlingen festgestellt.

In grünem Gemüse sind nur außerordentlich geringe Mengen des Vitamin D enthalten.

Die Bildung von Vitamin D hängt vom zur Verfügung stehenden Licht ab, was deutlich zu erkennen ist, da Freilandchampignons etwa dreimal so viel Vitamin D enthalten wie Treibchampignons aus dunklen Räumen. Versuche mit künstlicher Belichtung von Shii-Take, die von Dr. T. Ono mit Fluoreszenzlampen durchgeführt wurden, brachten – bei einer Belichtungszeit von 20 bis 40 Minuten – eine um ein Vierfaches gesteigerte Umwandlung von Ergosterin in Vitamin D_2. Hierbei erwies sich die Bestrahlung der Pilzlamellen als besonders effektiv.

Von besonderer Bedeutung sind die in den Pilzen vorhandenen Stoffe mit Hypocholesteroleffekt. Da Cholesterolanhäufungen zu Arteriosklerose führen können, scheint eine Diät, in der Pilze enthalten sind, zur Vermeidung bzw. Verbesserung von hierauf beruhenden Erkrankungen von Herz, Leber und Gehirn empfehlenswert. In Japan wurden in diesem Zusammenhang Untersuchungen von Tokita, Schibukawa, Yasumoto und Kaneda durchgeführt. Ratten wurden mit cholesterolhaltigem (1 %) Futter ernährt, das mit verschiedenen Pilzarten angereichert (5 %) war. Die Kontrolltiere erhielten Nahrung ohne Pilzanteil und ohne Cholesterol. Es zeigte sich, daß der Plasmacholesterol-Spiegel der Ratten, die Cholesterol enthaltendes Futter und Pilzzusatz erhalten hatten, in allen Fällen unter dem Cholesterolgehalt einer Fütterung ohne Pilzanteil lag. Bei Shii-Take 'Donko' und bei Champignons lag er sogar niedriger als bei cholesterolfreier Ernährung. Bei der Sorte 'Donko' zeigten sich besonders günstige Werte beim Cholesterolabbau. Aus getrocknetem Shii-Take wurden als Hauptverbindung mit Hypocholesteroleffekt $C_9H_{11}O_4N_5$(Eritadenin) und als zweite Verbindung $C_9H_{11}O_3N_5$ isoliert.

Einige Pilzarten sollten, wie Untersuchungen italienischer Forscher ergaben, Wirkstoffe enthalten, die den Blutzuckergehalt senken. Auch japanische, bulgarische und französische Wissenschaftler schreiben einigen Pilzarten Wirkung bei Zuckerkrankheit zu. Blutzuckersenkend wirkten Maipilz, Schopftintling, Violetter Ritterling und Kulturchampignon. So konnte durch den Genuß von täglich rund 250 g Kulturchampignons oder Schopftintlingen (Spargelpilz) nach 4 bis 5 Tagen der Blutzuckerspiegel von Diabetikern gesenkt werden.

Ein Gebiet, das ganz besonders verdient, näher erforscht zu werden, ist die Nutzung von in Pilzen enthaltenen Stoffen, die krebshemmende Wirkung haben. So fand Nobelpreisträger Prof. Dr. Albert Szent-Györgyi bei seinen Untersuchungen über Substanzen, die das Zellwachstum hemmen oder fördern, daß in Pilzen der »Hemmer« (retine) in einer hohen Konzentration vorhanden ist und der »Förderer« (promine) in geringer Menge. Die beiden Stoffe haben physikalisch und chemisch fast die gleiche Substanz, so daß man annahm, daß in der Natur ein Umwandler existiere, der mit winzigen Änderungen der Substanz aus einem Zellwachstumshemmer einen Förderer bilden könne. Es wurde festgestellt, daß es sich bei dem Stoff »retine« um ein Methylglyoxal-Derivat handelt. Die karzinostatische Wirkung derartiger Derivate ist bekannt. Szent-Györgyi nahm an, daß verschiedene krebserzeugende Stoffe die Produktion von »retine« behindern. In seinen Experimenten zeigte sich bei retine-Anwendung eine Gegenwirkung gegen Krebs. Die hohe Konzentration von »retine« in Pilzen führt er darauf zurück, daß sie auf abgestorbenen und zerfallenden Substanzen leben und dem Angriff zahlreicher Parasiten ausgesetzt sind, gegen deren Wachstum sie durch »retine« geschützt werden.

Bei der Vermehrung von Pilzen durch Gewebestücke kann man feststellen, daß Myzel von Gewebestücken der gleichen Sorte zusammenwächst, während das Myzel unterschiedlicher Sorten und Arten Antagonismus zeigt, also auf fremdes Gewebe hemmend wirkt.

In japanischen Versuchen soll bei Fütterung von Mäusen mit Futter, das zu etwa 40 % aus Fruchtkörpern von Shii-Take bestand, das Tumorwachstum der Versuchstiere unterdrückt worden sein. Die Antitumorwirkung wird auf verstärkte Makrophagenaktivität und gesteigerte Wirksamkeit der natürlichen Killerzellen zurückgeführt. Dem im Shii-Take enthaltenen »Lentinan« wird eine das Immunsystem stärkende Wirkung zugeschrieben, es soll das Metastasenwachstum hemmen. Nach Untersuchungen von Dr. N. Ishida von der Tohoku-Universität in Japan bewirken Sporen vom Shii-Take im Organismus die Bildung von Antikörpern, die das Wachstum von Tumoren hemmen und sogar heilend wirken sollen. Mit dem giftigsten Pilz, dem Knollenblätterpilz, werden zur Zeit Versuche durchgeführt, um in ihm enthaltene Wirkstoffe für medizinische Zwecke (Tumorbekämpfung) verwenden zu können. Sowjetische Forscher untersuchten die Heilwirkung des Schiefen Schillerporlings *(Inonotus obliquus)* und der in ihm enthaltenen Wirkstoffe. Die »Medizinische Wochenzeitschrift für Rußland« berichtete 1958 über die ärztlich bescheinigte Heilung eines Krebsfalles. Auch in Estland beschäftigte man sich mit dieser Pilzart.

Polnische und sowjetische Forscher schreiben dem Birkenporling *(Piptoporus betulinus)* krebshemmende Wirkung zu. In den Waldgebieten bei Bialystok werden seit Generationen getrocknete Pilze mit gutem Erfolg verwendet. Aus den getrockneten Pilzen wird ein Tee angesetzt, der auch als Haustrunk verwendet wird. Antikrebsdrogen wurden ebenfalls aus dem Birkenporling hergestellt. Kanzerostatische Wirkung sollen der Riesenbovist (*Calvatia gigantea* – Wirkstoff Calvatin), der Mehlpilz *(Clitopilus prunulus)* und der Samtfußrübling (*Flammulina velutipes* – Wirkstoff Flammulin) haben.

Daß in verschiedenen Pilzarten gegen Krankheiten wirksame Stoffe enthalten sind, zeigen die Erfolge von Penicillin, Streptomyzin und anderen Medikamenten. Antibiotische Wirkung haben der Maipilz *(Calocybe georgii)*, der Echte Reizker (*Lactarius deliciosus* – Wirkstoff Lactarioviolin) und der Riesen-Krempentrichterling (*Clitocybe gigantea* – Wirkstoff Clitocybin). Bereits im Altertum und im Mittelalter verwendete man Pilze als Arzneimittel. So wurden z. B. die Sporen von Bovisten zur Heilung von Wunden, die sich nicht schließen wollten, angewendet. Die Gichtmorchel (Hexenei) diente zur Heilung von Gicht und rheumatischen Beschwerden, das Judasohr wurde gegen Augenentzündung und Halskrankheiten benützt.

Das Hexenei entwickelt sich zunächst unterirdisch, durchbricht aber bald die Bodenoberfläche.

Gute Wirksamkeit gegen Tuberkelbazillen wurde festgestellt bei den Wirkstoffen Nebularin (Nebelgrauer Trichterling), Clitocybin (Riesen-Krempentrichterling) und Lactarioviolin (Echter Reizker).

Immer wieder kommen Wirkstoffe von Pilzen, die Rauschgiftcharakter haben, ins Gespräch. So werden in Sibirien aus Pilzen Getränke hergestellt, die vorübergehend in einer Art Rauschzustand Energien freisetzen sollen, so daß die betroffenen Personen besondere Strapazen überwinden. In Mexiko werden Pilze der Gattung *Psilocybe* (»Kahlköpfe«), die in den etwa 2000 m hoch liegenden Berggebieten vorkommen, verwendet, um Halluzinationen hervorzurufen, die zu einer seelischen Entspannung führen sollen. In geringen Mengen wurde das in diesen Pilzen enthaltene Psilocybin zu psychotherapeutischen Versuchen eingesetzt. Ein ähnliche Stoffe enthaltender Kahlkopf ist auch bei uns heimisch und gilt als leicht giftig. Bob Harris beschreibt in seinem Buch »Growing wild mushrooms – a complete guide to cultivating edible and hallucinogenic mushrooms« mehrere in Amerika wachsende *Psilocybe*-Arten.

Um die Nutzung der in den Pilzen enthaltenen wertvollen Stoffe auszuweiten, stellt man in Japan Pilzgetränke (mit den Wirkstoffen Foresterin und Super-Foresterin) her. Diese im Handel befindlichen, mit pilzlichen Wirkstoffen angereicherten Getränke werden wie Limonaden oder Fruchtsäfte getrunken.

In Taiwan serviert man heiße Pilzgetränke. Auf den hierfür geeigneten Gelee-Pilz (*Tremella* spec.) wird heißes Wasser gegossen, etwas mit Zucker gesüßt, Ananasstückchen und eventuell Kirschen werden zugesetzt. Nach kurzem Ziehenlassen ist das Getränk genußreif: Mit Holzstäbchen werden die im Becher schwimmenden Pilz- und Fruchtstückchen aufgespießt und gegessen. In Deutschland wird in der Fränkischen Schweiz ein Pilzschnaps aus Waldpilzen hergestellt.

Zubereitung

Zur Zubereitung verwendet man nur junge und einwandfreie Pilze. Sie werden gründlich gereinigt, ohne dabei mehr Wasser als notwendig zu benutzen. Der Hut wird von oben gut unter fließendem Wasser abgewaschen und anschließend die Unterseite kurz abgespült. Die Oberhaut wird abgezogen, wenn sich dies leicht durchführen läßt. Nur weiche oder von Maden befallene Lamellen und Röhren werden entfernt, zähe Stiele verwendet man nicht. Nach dem Abtropfen des Waschwassers schneidet man die Pilze in Streifen, Scheiben oder Stücke oder brät sie im Ganzen.

Pilze darf man *niemals roh* verwerten, wenn man nicht *genau weiß*, daß die betreffende Pilzart ohne Gefahr roh genossen werden kann. Auch für Salate kocht man Pilze besser kurz auf und bereitet sie nach dem Erkalten als Salat zu. Hierfür eignen sich nur festfleischige Arten.

Gebraten sind folgende Pilze besonders schmackhaft: Steinpilz, Parasol, Austernseitling, Täubling und Krause Glucke, eventuell auch Flaschenboviste. Sie alle bleiben am besten unzerteilt und werden paniert oder auch unpaniert in offener Pfanne bei mittlerer Hitze zubereitet. Sicherer ist es bei manchen Arten, sie erst in offener Pfanne zu braten und anschließend etwa 10 bis 15 Minuten lang zu dünsten.

Zum Schmoren werden die Pilze zerkleinert, mit gedünsteter Zwiebel u. ä. gewürzt und dann etwa 20 Minuten lang im eigenen Saft geschmort. Gern verwendet man hierzu Mischpilze; Brätlinge sind ungeeignet.

Für Pilzsuppen und -soßen nimmt man besonders aromatische Pilze wie Stockschwämmchen, Champignons, Steinpilze und Shii-Take.

Zur Herstellung von Pilzpasteten eignen sich u. a. Steinpilze, Boviste und Schopftintlinge, die gewaschen, zerkleinert und dann gedämpft werden. Nach Zugabe von Mehl und Gewürzen wird nochmals aufgekocht und in Pasteten gefüllt. Für Pilzomeletten werden Pilze kurz gekocht und dann mit Zwiebeln oder Petersilie zerkleinert. Die Mischung wird unter einen Omeletteteig gerührt und dann gebacken.

Pilze, die bittere oder unbekömmliche Stoffe enthalten, wie der Nebelgraue Trichterling, werden vor der Zubereitung mindestens 5 bis 10 Minuten lang gekocht. Das Kochwasser wird anschließend weggegossen. Täublinge mit scharfem Geschmack und Schwefelporlinge schneidet man in Stücke, wässert sie einige Stunden, kocht sie etwa 10 Minuten lang, gießt das Kochwasser fort und bereitet sie dann erst zu. Bei größeren Ernten, die nicht frisch verbraucht werden können, stehen verschiedene Konservierungsmethoden zur Verfügung. Die älteste Methode ist die Pilztrocknung. Gesunde, einwandfreie Pilze werden gereinigt und ungewaschen in Scheiben geschnitten, kleine Pilze läßt man ganz. Dann wird auf Fäden gereiht und aufgehängt oder auf einem mit Papier bedeckten Rost an luftiger Stelle getrocknet und am besten anschließend auf einem Heizkörper oder Ofen nachgetrocknet. Wenn das Material vollkommen trocken ist, füllt man es in Büchsen oder Schraubgläser, in denen es sich lange Zeit hält. Geeignet sind hierfür z. B. Stockschwämmchen, Champignons, Steinpilze und Ritterlinge. Getrocknete Pilze können gemahlen und als Pilzmehl für Suppen und Soßen verwendet werden.

Beim Einkochen in Gläser werden die Pilze gereinigt, in die Gläser gefüllt, 1,5 bis 2 Stunden lang gekocht oder zunächst vorgekocht, dann eingefüllt und nach dem Verschließen nachgekocht. Teilweise wird nach 2 Tagen sicherheitshalber nochmals 1 Stunde nachgekocht. Stets muß nach einigen Tagen geprüft werden, ob die Gläser gut verschlossen sind. Aufgegangene Gläser dürfen nicht mehr verwendet werden.

Zum Tiefgefrieren werden die Pilze gründlich gewaschen, zerschnitten und 3 bis 4 Minuten lang blanchiert. Nach schnellem Abkühlen (Eiswasser) und Abtropfen füllt man sie in Plastikbeutel zum Einfrieren. So können sie einige Monate aufbewahrt werden.

In Salz oder Essig können Pilze ebenfalls konserviert werden; jedoch werden meist Einkochen und Tiefgefrieren bevorzugt. Pilzextrakte werden aus Gewürzpilzen hergestellt und in möglichst kleine Flaschen abgefüllt.

Einige Rezepte

Pilzsuppe aus dem Jahre 1900
»Die Pilze werden vorerst in ihrem eigenen Saft eine halbe Stunde gekocht, so dann mit dem Schaumlöffel herausgenommen und fein gehackt. Das Pilzwasser vermengt man inzwischen mit etwa der gleichen Menge kochenden Wassers, worin dann die Pilze, nachdem sie mit Butter, feingehackter Petersilie und etwas Pfeffer hellbraun gebraten sind, noch eine Viertelstunde gekocht werden. Die Suppe kann auch mit braunem Mehl etwas sämig gemacht werden, außerdem kann man ein Ei hinzugeben. Ist Fleischbrühe vorhanden, so kann man sie anstatt des Wassers verwenden.«

Brotaufstrich mit Pilzen und harten Eiern
3 Zwiebeln sehr fein schneiden, in Öl oder Butter bräunen, 300 g Pilze sehr kleingeschnitten dazu geben, garen, vom Herd nehmen, 3 hartgekochte Eier mit der Gabel zerdrücken, unter die gegarte Zwiebel-Pilz-Masse mischen, salzen, wenn gewünscht zuletzt 1 rohe geriebene Zwiebel dazugeben.

Brotaufstrich mit Pilzen und Tomatenpüree
3 Zwiebeln sehr fein schneiden, in Öl oder Butter bräunen, 300 g Pilze sehr kleingeschnitten dazu, 2 Lorbeerblätter, Salz, einige Minuten garen, 3 bis 6 Eßlöffel Tomatenpüree dazugeben.

Brotaufstrich mit Pilzen, Majoran, Sahne
3 Zwiebeln sehr fein schneiden, in Öl oder Butter bräunen, 300 g Pilze sehr klein geschnitten und 1 Teelöffel Majoran dazu, garen, dann Salz und saure oder süße Sahne dazugeben. Sollten die Pilze zuviel Flüssigkeit abgegeben haben, mit etwas Mehl andicken.

Pilzsuppe
1 kleine, sehr fein geschnittene Zwiebel mit wenig Butter bräunen, 300 bis 500 g sehr fein zerkleinerte oder in Scheiben geschnittene Pilze dazugeben, sofort mit Mehl bestäuben und mit Wasser oder Fleischbrühe ablöschen, nur kurz aufkochen lassen, damit die Pilze knackig bleiben (kann mit Eigelb verfeinert werden).

Pilzschnitzel
Sehr gut eignen sich hierfür Austernseitlinge. Große, flache Pilze nehmen, Stiel ausschneiden (eventuell für Suppe oder Gemüsetopf verwenden), in Milch wenden, gut in Mehl wälzen, dann in geschlagenem Ei wälzen und mit Semmelbrösel panieren, anschließend wie Schnitzel braten.

Pilzgulasch
Reichlich Zwiebel grob schneiden, in wenig Würfelspeck bräunen, Pilze dazu, 10 bis 15 Minuten garen, einige Eßlöffel saure Sahne dazu. Je nach Wunsch mit Paprika, Tomaten oder Kräutern würzen.

Leber mit Pilzen
Zwiebeln in Butter bräunen, Pilze und Leber in kleine Stücke geschnitten dazu, garen, mit saurer Sahne und eventuell etwas Mehl binden, würzen nach Geschmack, eventuell auch Beigabe einiger Tomaten.

Pilzsalat
Hierzu eignen sich gut kleine Champignons, die man putzt und wäscht und nach dem Waschen ausgebreitet auf einem Küchentuch kurz abtropfen läßt. Inzwischen bereitet man eine Diät-Mayonnaise. Für 500 g Champignons nimmt man 250 g Magerquark, den man mit Magermilch glattrührt. Man muß sehr raffiniert würzen, etwa mit geriebener Zwiebel, gehackten Kräutern, geriebenem Meerrettich oder auch Fertigwürze. Wenn man will, kann man den Geschmack noch mit einigen rohen Eigelb verbessern. Zum Schluß werden die Champignons vorsichtig mit der Mayonnaise vermischt.

Pilzgebäck
Pilze eignen sich ausgezeichnet zur Füllung von Pasteten, Maultaschen und Hörnchen. Als Füllung kann man zerkleinerte Pilze verwenden, gemischt mit Zwiebeln und/oder Gehacktem, zum Binden eventuell Eier nehmen. Gewürzt wird je nach Geschmack mit vorhandenen Gartenkräutern. Auch Tomaten, Paprika, Sellerie, Porree können der Füllung zugemischt werden.

Wer Süßes liebt, kann auch Pilze und diverse Obstarten kombinieren.

Herrentorte
In einer Tortenform bäckt man einen einfachen *salzigen* Hefeteig, den man nach dem Erkalten 3- bis 4mal aufschneidet. Die Füllung wird aus gut zerkleinerten Pilzen hergestellt, die man mit allen sonstigen im Garten vorhandenen Gemüsen und Kräutern variieren kann. Alle Zutaten müssen so zerkleinert und gekocht sein, daß eine gut streichfähige Masse entsteht. Sie kann mit geräuchertem Schinken und jeder anderen Fleischart angereichert werden. Vor Auflage jeder Füllung träufelt man Gemüse- oder Pilzsaft auf den trockenen Boden, damit die Torte insgesamt nicht zu trocken wird. Obenauf verziert man mit kleinen Champignons, Tomaten, Paprika, Gurken. Diese Torte kann der Mittelpunkt eines kalten Büfetts sein.

Es kann nicht Aufgabe dieses Buches sein, als Rezeptbuch für die Verwendung von Speisepilzen zu dienen. Die wenigen als Beispiele aufgeführten Rezepte sollen jedoch eine Anregung sein, wie man bei unterschiedlichsten Gerichten Pilze einsetzen kann.

Die Köchin oder der Koch sollten sich nicht schematisch an bestimmte Rezepte halten, sondern je nach den Möglichkeiten, die der Garten gerade bietet, dem Geschmack entsprechend immer neue Kombinationen erfinden. Pilze lassen sich zu Rind-, Kalb- und Schweinefleisch anrichten, sie eignen sich als Beilage zu Geflügel-, Wild- und Fischgerichten und können gut mit Eiern kombiniert werden.

Häufig werden gerade zu Erntebeginn nur wenige Pilze zur Verfügung stehen. Dann sollte man sie nicht nur mit anderen Pilzarten, soweit vorhanden, mischen, sondern sie in Gemüsebeilagen, wie z. B. Möhren, Erbsen, Blumenkohl, Spargel und Kohlrabi, zur Verbesserung des Aromas verwenden oder sie mit Zwiebeln und Küchenkräutern den Soßen und Suppen zusetzen. Wie Petersilie, Tomaten und Radieschen eignen sich Pilze gut als eßbare Dekoration der Mahlzeiten und kommen dabei als Einzelexemplare besonders zur Geltung.

Man sollte den Mut haben, Pilze auch dort zu verwenden, wo es noch nicht allgemein üblich ist. Man kann sie flambieren oder in Currysoße zu Geflügel mit gebackener Banane und Ananas anrichten. Am Spießchen können im Wechsel mit Fleischarten und Zwiebeln ebenso Paprika, Tomaten und Pilze eingefügt werden, und für Appetithäppchen eignen sich nicht nur Käsestückchen, Gurken, Paprika, Ananas, Weintrauben, Kirschen und Oliven, sondern auch Pilzhüte können gut kombiniert werden.

Pilze zur Dekoration

Pilze wurden zur Dekoration schon seit langer Zeit verwendet. Leider handelt es sich meist um aus Holz oder Kunststoff hergestellte Pilze in verschiedenen Größen, die im allgemeinen dem Fliegenpilz nachgebildet werden. Daß ausgerechnet der giftige Fliegenpilz Glück bringen soll, ist eigentlich paradox, auch wenn er in einem mit schönem, grünem Moos gefüllten Töpfchen steht. Doch auch andere Pilze werden zu Dekorationszwecken verwendet. Hier handelt es sich überwiegend um sehr haltbare Porlingsarten, meist aus nördlichen Zonen importiert, die in Gestecken ihren Platz finden. Porlinge gibt es auch in unserer Heimat in mannigfaltigen, oft bizarren Formen, die sich ausgezeichnet für dekorative Zwecke eignen. Man kann sie im Wald besonders zahlreich an alten Baumstubben finden, vor allem wenn diese durch umgebendes Buschwerk oder Farndickicht vor Austrocknung weitgehend geschützt sind.

Auch im Hausgarten können diese Arten angesiedelt werden, um Baumstümpfe, Abgrenzungshölzer, Brunnenumrandungen, Vogelsitzplätze an der Tränke oder Stammstücke, die als Sitzgruppe im Schatten dienen, zu schmükken. Für die Verwendung in Blumengestecken, Adventsgebinden, Grabschmuck usw. können entweder diese im Wohngarten vorhandenen Pilze benutzt werden, oder man kultiviert sie wie die eßbaren, holzbewohnenden Speisepilze auf Stammstücken. Werden die Porlinge in ausgewachsenem Zustand geerntet, kann man sie oft ein Jahr lang aufheben, um sie jederzeit verwenden zu können. Ausgezeichnet wirken sie als Bodenteil eines Gesteckes, auf dem mit Tannenreisig, getrockneten Früchten oder Blumen nach oben aufgebaut wird. Flache Kompositionen verschiedenfarbiger und unterschiedlich geformter Fruchtkörper können als Grabschmuck besonders dekorativ wirken. Im Adventsgesteck bringen diese Pilze einen wirksamen Kontrast zu den hochgerichteten, leuchtendroten, gelben oder violett gefärbten Kerzen. Wegen ihrer ausgezeichneten Haltbarkeit kann man besonders Porlinge auch in Blumenschalen einbauen, vor allem, wenn man sie mit der Holzscheibe, auf der sie gewachsen sind, einsetzt, so daß sie vom Boden her weiter mit Feuchtigkeit versorgt werden. Fügt man etwas Moos und Farne dazu, haben wir uns ein Stück Wald ins Zimmer geholt.

So wie die ausdauernden, unempfindlichen Porlinge lassen sich die leicht verderblichen Pilzarten nicht verwenden. Aber auch andere, sehr dekorative, holzbewohnende Arten wie Seitlinge oder Shii-Take können als zusätzlicher Schmuck, auf Holzscheiben kultiviert, in die Blumenarrangements mit eingeordnet werden. Bei sehr empfindlichen Pilzen, die sich aber durch leuchtende Farben auszeichnen, wie z. B. der Violette Ritterling *(Lepista nuda)*, der Veilchenritterling *(Tricholoma irinum)* oder der Blaue Lackpilz *(Laccaria amethystina)*, sollte man das Myzel auf ein geeignetes Substrat impfen und in einem Glasbehälter, etwa in der Größe eines Marmeladenglases, bis zur Bildung von Fruchtkörperanlagen kultivieren, um es dann in die Erde eines Blumenkorbes einzusenken und mit Moosen, Blattpflanzen und Blumen zu arrangieren. Hierbei ist stets zu bedenken, daß Pilze meist eine hohe Luftfeuchtigkeit benötigen.

In einem japanischen Pilzbuch, das bereits zu Beginn dieses Jahrhunderts geschrieben wurde, wird die Eignung bizarrer Pilzformen für Dekorationszwecke anhand von Beispielen beschrieben, und der Schriftsteller Sterne rühmte 1906 die »Pilzblumen« als »Spitzen des Pflanzenreiches«. Sie hätten Hüte wie siegellackrote Gitterkugeln oder ähnelten fleischrot gefärbten Nelken oder lebhaft gefärbten Korallen. Schon 1895 rühmte Alfred Möller die in Brasilien heimische «Schleierdame« *(Dictyophora phalloidea)*, die sich nachmittags zu entfalten beginnt und um Mitternacht ihre volle Schönheit erreicht.

Der Pilz als Symbol

Der Pilz war schon immer ein Symbol des »Geheimnisumwitterten«. Er ist plötzlich da, ohne daß zuvor etwas auf sein Kommen hinwies, und ebenso schnell ist er wieder verschwunden. Es ist keine grüne Pflanze zu sehen, die diese Fruchtkörper ausgebildet haben könnte, und doch müssen die Pilze für ihren Aufbau die notwendigen Nährstoffe aufnehmen, obwohl sie sich nicht wie die Tierwelt ernähren können. In manchem Jahr kommen Pilze in Hülle und Fülle vor, im nächsten Jahr ist vielleicht am selben Ort kaum ein Pilz zu entdecken. Das Geheimnisvolle reizt dazu, es zu ergründen. Der Pilzfreund, der sich einmal mit der Pilzkultur im Garten befaßt hat, wird bald nicht mehr mit zwei oder drei Arten zufrieden sein, sondern danach trachten, immer neue Arten anzusiedeln. Dazu wird er sich mit ihrem Aufbau und mit ihrer Lebensweise befassen müssen. Wer neue Pilzarten für seinen Garten sucht, wird bei Wanderungen durch Felder und Wälder Ausschau halten, ob er nicht andere geeignete Pilze entdeckt und wird sich intensiver mit dem Zusammenwirken von Standort, Klima und Pflanzenwelt abgeben müssen. Er wird sein Blickfeld erweitern, die gegenseitige Abhängigkeit allen Lebens erkennen und so auch die Bedeutung des Umweltschutzes besser erfassen.

Auch der Forstmann sollte sich Gedanken darüber machen, warum manche Pilzarten kaum noch zu finden sind. Er muß von den Monokulturen abkommen, von den eintönigen Wäldern, in denen nur Kiefern, nur Fichten oder nur Buchen wachsen, zu Wäldern, die das naturgegebene Zusammenleben vieler Pflanzenarten ermöglichen. Hier sollten auch wieder Pilze angesiedelt werden, die das Wachstum der Bäume fördern und dem Wanderer Freude bereiten.

Ihr Anschein des Geheimnisvollen ließ die Pilze bereits bei den Maya und Azteken zu einem Symbol, zu einem Bindeglied zwischen Göttern und Menschen werden, worauf Skulpturen jener Zeit hinweisen. Durch Genuß bestimmter Pilzarten versetzte man sich in einen Rauschzustand, in dem man wahrnehmen konnte, wie die Götter den Menschen auf ihre Fragen antworteten. In unseren Sagen und Märchen bedeutete der Pilz den Ursprung der Erzählungen vom Männlein im Walde, von Zwergen, Kobolden und Wichtelmännchen. Der Pilz war ein Symbol des Schutzes, denn unter seinem schützenden Hut versammelte sich das »Getier« des Waldes. Jetzt finden wir bei unseren Wanderungen durch die Wälder nachgebildete »Schutzpilze«, die uns zur Rast einladen und einen Unterschlupf bei Regen sowie Schatten an heißen Sommertagen bieten.

Die riesigen Pilze aus Stein, die in Anatolien zu finden sind, muten an wie Monumente aus versunkenen Kulturen.

»Pilzsteine« der Maya in Guatemala.

Doch sie sind nicht von Menschenhand geschaffen, sondern ein Spiel der Natur, durch Verwitterung des Gesteins entstanden.

Da sich der Pilz mit seinen zahlreichen bizarren Formen und schönen Farben vom Alltäglichen abhebt, hat man ihm auch einen Platz auf Briefmarken eingeräumt. Besonders interessante Pilzarten sind auf chinesischen Marken abgebildet.

In neuester Zeit wurde der Pilz zum Symbol für Bedrohung. Der Atompilz droht mit der Vernichtung der Menschheit. Es ist zu hoffen, daß diese »Pilzart« bald ausstirbt. So ist der Pilz Symbol für das Gute und Schlechte, so wie es bekömmliche Speisepilze und lebensgefährdende Giftpilze gibt. An uns wird es liegen, wenn er in Zukunft nur Symbol des Guten ist. Wenn er im Garten als Speisepilz und Zierpilz wächst, wenn er uns Freude bereitet, die Mahlzeiten verbessert und uns zur Gesundheit verhilft, dann kann er ein Glückssymbol, ein »Glückspilz« sein.

Literaturverzeichnis

Akiyama, H., Akiyama, R., Akiyama, J., Kato, A. und Nakazawa, K.: The new cultivation of Shii-Take in a short period. Mushroom i. IX, 1974.

Awamah, N. S. und Alsheikh: Laboratory and field study of four kinds of truffle (Kamah), Terfezia and Tirmania species for cultivation. Mushroom Sci. X, Part 2, 1979.

Becker-Dillingen, J.: Handbuch des gesamten Gemüsebaues einschließlich der Küchenkräuter. Verlag Paul Parey, Berlin 1956. 6. Auflage.

Bels, P. J. und Pataragetvit, S.: Termiten als Anbauer von Speisepilzen in Thailand. Forum Mikrobiologie 6, 1983.

Bornholz, A. v.: Der Trüffelbau. Gottfried Bosse, Quedlinburg und Leipzig 1826.

Bötticher, W.: Technologie der Pilzverwertung. Verlag Eugen Ulmer, Stuttgart 1974.

Caspari, C.: Knaurs Pilzbuch. Th. Knaur Nachf. Verlag, München 1961, 4. Aufl.

Crusius, Carolus: Fungorum in Pannoniis observatorum. Akademische Druck- und Verlagsgesellschaft Graz, o. J.

Dill: Deutsche Trüffeln. Kosmos Handweiser für Naturfreunde, 1916.

Eger, Gerling: Erste Versuche zur Kultur von *Marcolepiota rhacodes* (Vitt.) Sing. Zeitschrift für Pilzkunde, Band 50, 1964. Verlag Julius Klinkhardt, Bad Heilbrunn–Obb.

Göbl, F.: Erfahrungen bei der Anzucht von Mykorrhiza-Impfmaterial. Österreichischer Agrarverlag, Wien 1975.

Grente, J., und Delmas, J.: Perspectives pour une trufficulture moderne. Station de Recherches sur les Champignons, Pont de la Maye, France 1974.

Haas,H.: Pilze Mitteleuropas. Franckhsche Verlagshandlung, Stuttgart 1971.

– Schrempp, H.: Pilze im Wald und Flur. Francksche Verlagshandlung, Stuttgart 1970.

Han, Y. H., Ueng, W. T., Chen, L. C. und Chen, S.: Physiology and ecology of *Lentinus edodes* Sing. Mushroom Sci. XI, 1981.

Konwiczka, H.: Eßbare und giftige Pilze. Ernstsche Verlagsbuchhandlung, Leipzig. o. J.

Lange, J. E., und Lange, M.: BLV Bestimmungsbuch Pilze. BLV Verlagsgesellschaft mbH, München 1973, 5. Auflage.

Luthardt, W.: Holzbewohnende Pilze. A. Ziemsen Verlag, Wittenberg-Lutherstadt 1969.

Moser, M.: Die künstliche Mykorrhiza-Impfung an Forstpflanzen. Forstwirtschaftliches Centralblatt, Wien 1958/59.

Müller, E., und Loeffler, W.: Mykologie. Georg Thieme Verlag, Stuttgart 1971, 2. Auflage.

Oetker, Dr. A.: Pilzkochbuch. Ceres-Verlag Rudolf August Oetker KG., Bielefeld 1971, 7. Auflage.

Oyama, Y., Yoshida, T., und Taguchi, H.: The artificial cultivation of mycorrhizaforming basidiomycetes. Mushroom Sci. 9, 1974.

Persson, O., und Prinz, H. K.: Speisepilze in Farben. Otto Maier Verlag, Ravensburg 1973.

Peter, J.: Das große Pilzbuch. Safari-Verlag, Berlin 1964.

Purkayastha, R. P., and Nayak, D.: Development of cultivation method and analysis of proteins of a promising edible mushroom Calocybe indica P. & C. Mushroom Sci. XI, 1981.

Rueß, J.: Umschau über eßbare Pilze. Kosmos Handweiser für Naturfreunde, 1916.

Schuphan, W.: Gemüsebau auf ernährungswissenschaftlicher Grundlage. Hans A. Keune Verlag, Hamburg 1948.

Schwerdtfeger, Fritz: Die Waldkrankheiten. Verlag Paul Parey, Hamburg und Berlin 1970.

Steineck, H.: Anbau holzbewohnender Speisepilze. Berichte des Bundes der Diplomgärtner e. V. Nr. 15, 1972.

– Zur Ausweitung der Kultur von Speisepilzen – eine Übersicht. Gartenbauwissenschaft 38 (20), Heft 6, 1973.

– Zur Geschichte der Austernseitlingskultur. Der Champignon 40, 1973.

– Erfahrungen mit Mykorrhiza in Argentinien. Allgemeine Forstzeitschrift Nr. 39, 1976.

– Pilzanbau in Garten und Haus als Hobby. Mushroom Sci. XI, 1981.

– Champignonkultur. Verlag Eugen Ulmer, Stuttgart 1982.

– Extensiver Pilzanbau – eine wirtschaftliche Alternative zur Champignonkultur, 1982. Champignon 247.

– Möglichkeiten für den Anbau von Mykorrhizapilzen. Der Champignon Nr. 27, 1984.

– So gestalten wir einen Pilzgarten. Gartenpraxis 3, 1984.

Sterne, C.: Werden und Vergehen. Verlag von Gebr. Borntraeger, Berlin 1906.

Szent-Györgyi, A.: Cell Division and Cancer. Science 149, No. 3674, 1965.

Takacs, E. A.: Produccion de cultivos puros de hongos micorrizogenos in el Centro Nacional de Investigacions Agropecuarias. Castelar 1967.

Tokita, F., Shibukawa, N., Yasumoto, T., and Kaneda, T.: Isolation and chemicalstructure of the plasmacholesterol reducing substance from Shii-Take mushroom. Mushroom Sci. 8, 1972.

Weberling, F., und Schwantes, H. O.: Pflanzensystematik (UTB 62). Verlag Eugen Ulmer, Stuttgart 1972.

Witt, W.: Ratschläge für die Anlage von Ertragskulturen eßbarer Holz- bzw. Humus-Verzehrender Pilze. 1946.

BASF-AG Ludwigshafen: Um Jahrmillionen voraus. Film, 1975.

Der Champignon. Jahrgang 1961–1990. 1000 Berlin 31, Kurfürstendamm 91.

Bildquellen

Fotos

Hans Reinhard, Heiligkreuzsteinach: Titelfoto

Heinz Schrempp, Oberrimsingen: Seite 49 (alle), 85 (alle).

Alle übrigen Aufnahmen stammen vom Verfasser.

Zeichnungen

Die Zeichnungen wurden nach Skizzen des Verfassers und nach Vorlagen aus der botanischen Literatur gefertigt von Wolfgang Jauch, Pliezhausen, (Seite 15 oben, 112, 120) und Roland Zahn, Stuttgart (alle übrigen Zeichnungen).

Bezugsquellen für Pilzbrut

Agri-Truffe
Domaine de Lalanne
Saint Maixant
F-33490 Saint Macaire
(mit Trüffeln beimpfte Eichen- und Haselnußjungbäume)

Burbacher Pilzfarm
Schöler KG
Postfach 6 01
5909 Burbach-Holzhausen

Hauser Champignonkulturen AG
CH-8625 Gossau-Zürich

Hawlik, Euro-Pilzbrut GmbH
8021 Großdingharting

Eberhard Hullen oHG
Postfach 13 31
3360 Osterode am Harz-Beierfelde

Interpilz Dr. Meixner GmbH
Sonntagweg 6c
7000 Stuttgart 80

Dipl.-Ing. W. Karrasch
Pilzzuchtbetrieb
Obstgartenweg 12
7000 Stuttgart 1

»le lion« Verkaufsbüro
Industriestraat 4
NL-s'Heerenberg

Malzfabrik Schneidhausen Hoesch-Vial
Abt. Pilzzucht
Postfach 5 82
5160 Düren

Edith Mangelsdorf
Postfach 10 16 53
4350 Recklinghausen

Mykofarm
Abt. Pilz & Garten
Wildschwanbrook 95a
2000 Hamburg 73

Nettetaler Champignonzentrale
H. u. W. Geurtz
Berg 17a
4054 Nettetal 1-Breyell
(Champignon-Fertigkompost, Champignon-Kulturkisten, Gespicktes Substrat in Plastiksäcken)

Neudorff GmbH
Postfach 12 09
3254 Emmerthal 1

Schwarzwälder Pilzlabor – Niederwinden
Inselweg 4
7746 Hornberg

Somycel Belgien AG
Visé Steenweg 277
B-3788 Zichen Zussen Bolder/Belgien

Diese Zusammenstellung erhebt keinen Anspruch auf Vollständigkeit.

Sachregister

Die mit * versehenen Seitenzahlen verweisen auf Abbildungen.